LE GOUFFRE ENTRE LES GALAXIES

DANS LA MÊME SÉRIE

1. *Opération Astrée*
2. *La Terre a peur*
3. *La Milice des mutants*
4. *Bases sur Vénus*
5. *Les vainqueurs de Véga*
6. *La forteresse des Six Lunes*
7. *La quête cosmique*
8. *Les glaces de Gol*
9. *Le traître de Tuglan*
10. *Le Maître des mutants*
11. *Le piège à pirates*
12. *L'empereur de New York*
13. *L'étoile en exil*
14. *Mutants en mission*
15. *L'offensive d'oubli*
16. *A l'assaut d'Arkonis*
17. *La menace des Moofs*
18. *La planète piégée*
19. *Les méduses de Moofar*
20. *Les grottes de Gom*
21. *La bataille de Bételgeuse*
22. *L'amiral d'Arkonis*
23. *Le sérum de survie*
24. *Le spectre du surmutant*
25. *Les exilés d'Elgir*
26. *L'invasion des Invisibles*
27. *Le poids du passé*
28. *La citadelle cachée*
29. *Les traquenards du temps*
30. *Délos a disparu*
31. *L'agonie d'Atlantis*
32. *La moisson de Myrtha VII*
33. *Les soleils de Siamed*
34. *L'errant de l'éternité*
35. *La revanche du Régent*
36. *Recrues pour le Régent*
37. *Le prix du pouvoir*
38. *La déroute des Droufs*
39. *Rhodan renie Rhodan*
40. *L'immortel et les Invisibles*
41. *Les Métamorphes de Moluk*
42. *L'arche des aïeux*
43. *Alerte aux Antis*
44. *Le caboteur cosmique*
45. *La flotte fantôme*
46. *Le barrage bleu*
47. *Le désert des décharnés*
48. *Opération « Okal »*
49. *L'homme aux deux visages*
50. *Les dieux oubliés*
51. *L'aventure akonide*
52. *Mannes éphémères*
53. *Complots arkonides*
54. *Opération dernière chance*
55. *Rencontres extragalactiques*
56. *La mort de Mécanica*
57. *Le captif du futur*
58. *La bataille de Panotol*
59. *Les astres noirs*
60. *Médiation protoplasmique*
61. *Opération surprise*
62. *Prisonnier du plasma*
63. *Le Monde-aux-Cent-Soleils*
64. *Le planétoïde hanté*
65. *Le combat des cent-soleils*
66. *Menaces sur les mutants*
67. *Le mirage de la montagne chantante*
68. *La valeur de la vie*
69. *Le fléau de la galaxie*
70. *Le miroir de molkex*
71. *Rébellion sur Euhja*
72. *La métamorphose du molkex*
73. *Le labryrinthe d'Eysal*
74. *Le piège de glacel*
75. *Les sauveteurs sigans*

80. *Guérilla sur Greendoor*
81. *Pas de retour pour Rhodan*
82. *Les soldats stellaires*
83. *Mulots en mission*
84. *La fin de la fuite*
85. *Péril sur Plophos*
86. *Le déclin du dictateur*
87. *Arkonis assassiné*
88. *A l'assaut d'Andromède*
89. *Planète de pénitence*
90. *Les gardiens des galaxies*
91. *La guerre du gel*
92. *Héros de l'Horreur*
93. *Microcosme et Macrocosme*
94. *Les pyramides pourpres*
95. *Le triscaphe titanesque*
96. *Le péril surgi du passé*
97. *Téléporteurs dans les ténèbres*
98. *Les condamnés du Centre*
99. *La cinquième colonne*
100. *Les Coureurs d'ondes de Chrystal*
101. *Invasion interdite*
102. *L'armada akonide*
103. *Les astéroïdes d'Androbêta*
104. *Le satellite secret*
105. *La débâcle des Deux-Nez*
106. *Les sœurs stellaires*
107. *La ville vitrifiée*
108. *Le Monde des Marais*
109. *La sphère spatio-temporelle*
110. *La station de Saar Lun*
111. *Le messager des Maîtres*
112. *L'ingénieur intergalactique*
113. *La revanche des Régénérés*
114. *L'être d'Emeraude*
115. *Tempête sur Téfrod*
116. *Les mercenaires des Maîtres*
117. *Le robot qui rit*
118. *La machine de Multika*
119. *Le transmetteur temporel*
120. *Les temples de Tarak*
121. *L'agent atemporel*
122. *L'Emir et l'éternité*
123. *Les transmuteurs de Tanos*
124. *Le seigneur de Sadlor*
125. *Le sarcophage stellaire*
126. *La piste parapsychique*
127. *La facture des faussaires*
128. *Iago l'Innocente*
129. *Miras le Maléfique*
130. *Naufrage dans le néant*
131. *Le pacte de paix*
132. *L'escapade de l'Emir*
133. *Illusions interstellaires*
134. *La faillite de Faktor IV*
135. *Multidon la maudite*
136. *Terreur sur Tamanium*
137. *Le sacrifice suprême*
138. *Au cœur de la démesure*
139. *L'énigme de Old Man*
140. *Sur la piste des hypno-cristaux*
141. *Cristal-catastrophe*
142. *Sur le fil du rasoir*
143. *Remous dans les Nuages de Magellan*
144. *Des Perlians aux hommes-lions*
145. *Les partisans du Grand Nuage*
146. *Assaut sur Danger-I*
147. *Dans les grottes des Gurrads*
148. *Missions magellaniques*
149. *Le réveil d'un Titan*
150. *Transgressions temporelles*
151. *Dérive intergalactique*
152. *Poison pour une planète*
153. *Le sosie du Stellarque*
154. *De Néréide à Neptune*
155. *Offensive sur* Old Man
156. *Cités spatiales skovars*
157. *Le commandeur des oubliés*
158. *Holocauste halutien*
159. *Les labyrinthes de M 87*
160. *L'enlèvement de l'élu*
161. *La caste des chercheurs*
162. *Les insurgés du Krest IV*
163. *Projet paladin*
164. *Le repaire des Symbiotes*
165. *Uchronies akonides*
166. *Le karma de Khan*
167. *Les pirates de Parjar*
168. *Les cercueils de cristal*
169. *Les léviathans de Léthara*
170. *Le piège des Pelewons*
171. *Les constructeurs du centre*
172. *Le gouffre entre les galaxies*

K.-H. SCHEER
et CLARK DARLTON

LE GOUFFRE ENTRE LES GALAXIES

PERRY RHODAN — 172

Fleuve Noir

Titres originaux :
VON GALAXIS ZU GALAXIS de Kurt Mahr
AUF DOLAN-JAGD de Hans Kneifel

Traduit et adapté de l'allemand
par Jean-Luc Blary

ISBN : 2-265-07216-8

RÉSUMÉ DES ÉPISODES PRÉCÉDENTS

CYCLE 1 : LA TROISIÈME FORCE (1971-1984)

Lors de leur alunissage avec la fusée *Astrée*, Perry Rhodan et Reginald Bull, officiers de l'U.S. Space Force, rencontrent des humanoïdes émissaires du Grand Empire d'Arkonis (dans l'amas M 13 de la constellation d'Hercule). Thora et Krest, en quête d'une mystérieuse Planète de Jouvence, ont fait naufrage sur notre satellite. Entré en possession de la super-technologie arkonide, Rhodan impose à la Terre une paix planétaire durable avec l'appui de mutants doués de facultés parapsychologiques.

Après avoir repoussé des envahisseurs extraterrestres, il se lance vers les étoiles. Il aide les autochtones du système de Véga à repousser les belliqueux Topsides. Remontant une longue chaîne d'indices, Rhodan et ses compagnons d'aventure – dont Krest et Thora – trouvent ensuite Délos, la planète errante, domaine de l'Immortel. Celui-ci accorde la douche cellulaire prolongatrice de vie à Perry Rhodan et d'autres Terriens mais la refuse aux Arkonides, qui selon lui appartiennent au passé. Au cours de cette Quête Cosmique, un être étonnant s'allie aux humains : le mulot-castor L'Émir.

De retour sur Terre, Perry Rhodan doit se défendre contre le Surmutant Stafford Monterny. Puis des Marchands Galactiques, les Francs-Passeurs, attaquent le Système Solaire afin d'étouffer toute concurrence potentielle. Sous la pression des forces extraterrestres coalisées, Rhodan se voit contraint de faire croire, par un coup de bluff gigantesque, à la destruction pure et simple de la Terre.

CYCLE 2 : ATLAN ET ARKONIS (2040-2045)

Profitant de la tranquillité ainsi obtenue, Perry Rhodan instaure l'Empire Solaire dont il tient les rênes sous le titre de Stellarque de Sol et dont les ressortissants prennent le nom générique de Terraniens. En 2040 apparaît Atlan, le Solitaire des Siècles, qui a passé la majeure partie des dix mille dernières années dans une base-refuge sous-marine. Arkonide comme Krest et Thora, Atlan jouit de la vie éternelle grâce à un activateur cellulaire transmis par l'Immortel de Délos. Au bout de duels très serrés, Rhodan et lui décident de s'accorder à jamais un soutien mutuel indéfectible. Par son rapport détaillé sur un lointain passé, Atlan fournit un éclairage insoupçonné sur tout un ensemble d'événements et d'interactions d'ampleur cosmique.

À la confrontation avec le Grand Coordinateur positronique qui règne sur l'Empire arkonide décadent s'ajoutent bientôt les attaques des Droufs qui, surgis d'un autre univers, tentent une invasion du continuum einsteinien. De plus, Perry Rhodan entre en conflit avec Thomas Cardif, le fils né de son union avec Thora l'Arkonide.

Reprogrammé en 2044, le Régent d'Arkonis reconnaît Atlan comme nouvel Empereur sous le titre de Gnozal VIII. Les Droufs, peu après vaincus par les Arkonides, les Francs-Passeurs et les Terraniens coalisés, sont renvoyés à leur univers d'origine.

Alors que Thomas Cardif trahit la Terre au profit des Marchands Galactiques, Perry Rhodan perd son épouse, Thora, puis son fidèle ami Krest.

CYCLE 3 : LES BIOPOSIS (2102-2114)

En 2102, à bord d'une frégate dotée d'un tout nouveau propulseur linéaire, Perry Rhodan échoue dans le Système Bleu, enclos par un écran énergétique et domaine des orgueilleux Akonides, lointains ancêtres des Arkonides. Alors qu'éclatent de terribles antagonismes entre Akonides et Terraniens, d'innombrables mondes de la Voie Lactée sont contaminés par une drogue pernicieuse. Les Antis, prêtres fanatiques nantis de facultés anti-psi, manipulent Thomas Cardif qui usurpe incognito la place de son père avant d'être détruit par une ruse diabolique de l'Immortel de Délos. Perry Rhodan entre alors en possession d'un activateur cellulaire.

Le danger constitué par le Régent positronique d'Arkonis est définitivement écarté lorsqu'Atlan et quelques Terraniens, grâce à un saut temporel vers le passé, le mettent pour de bon hors d'état de nuire.

En 2112, en plein espace intergalactique, la race humaine plonge dans un conflit opposant les invisibles Laurins à un peuple de robots, les Bioposis. Un an plus tard, Perry Rhodan découvre le Monde-aux-Cent-Soleils, patrie de ces créatures mi-machines, mi-organiques, résout l'énigme posée par leur existence et les appuie pour vaincre les Laurins. Il fonde alors l'Alliance Galactique dont il devient le Grand Administrateur sous le titre inchangé de Stellarque de Sol.

CYCLE 4 : LE DEUXIÈME EMPIRE (2326-2329)

En deux cents ans de calme relatif, les Terraniens ont assis leur nouvelle position parmi les divers peuples galactiques. Perry Rhodan perd nombre de ses amis et proches collaborateurs qui ne reçoivent pas à temps l'un des vingt-cinq activateurs cellulaires éparpillés par l'Immortel à travers la Voie Lactée peu avant la disparition – voire l'anéantissement – de la planète Délos.

2326 voit surgir une nouvelle menace pour les explorateurs de la Galaxie : les monstrueux Annélicères. Sur la trace de ces énormes créatures, les hommes rencontrent les ressortissants d'un Deuxième Empire galactique, les Bleus qui occupent l'Est de la Voie Lactée, à l'opposé de Sol. Ces êtres au farouche désir d'expansion possèdent des vaisseaux quasi indestructibles grâce à leurs blindages de molkex. En 2328, des savants humains découvrent le moyen de détruire le molkex et cet atout met un terme définitif au conflit.

Durant cette période, de plus en plus de colonies terraniennes ont entrepris de lutter pour leur indépendance. Ainsi Plophos dont le dictateur, Iratio Hondro, fait enlever Perry Rhodan et quelques-uns de ses proches. Le Stellarque et ses compagnons ne sont sauvés qu'au bout d'une errance de près d'un an au voisinage du Centre galactique. Destitué, Hondro meurt après avoir attribué son activateur cellulaire à Mory Abro, qui devient la seconde épouse de Rhodan.

CYCLE 5 :
ANDROMÈDE ET LES MAÎTRES INSULAIRES
(2400-2406)

En 2400, à bord de sa nef amirale, le *Krest II*, et en compagnie du Halutien Icho Tolot, Perry Rhodan surgit au centre d'un réseau de transmetteurs de matière reliant le centre de la Voie Lactée à la Nébuleuse d'Andromède. À côté des pièges machiavéliques qui les attendent dans l'abîme intergalactique, les Terraniens se heurtent à de nouveaux adversaires, les Maahks (ou Méthaniens), dont une forteresse spatiale attaque bientôt la station régulatrice du transmetteur du cœur de notre Galaxie. Grâce à plusieurs opérations d'infiltration, l'invasion de la Voie Lactée organisée par les Maahks est évitée de justesse.

Dès 2402, les Terraniens parviennent à pénétrer davantage à l'intérieur d'Andromède en s'appuyant sur des têtes de pont établies dans les micronébuleuses voisines, Andro-Alpha et Androbéta. Ceux qui détiennent l'hégémonie sur Andromède apparaissent comme une poignée d'êtres auréolés de mystère, les Maîtres Insulaires. Tous les moyens leur sont propices pour neutraliser les Terraniens, y compris les manipulations temporelles. Le nouveau vaisseau-amiral de Rhodan, le *Krest III*, est ainsi projeté à plus de cinquante mille ans dans le passé : sur la Terre, l'Impérium de Lémuria se défend alors désespérément contre les belliqueux Halutiens. Effectuant le même plongeon mais perdant tout espoir de retour, la barge spatiale *Dino-III* et son équipage rendent possible le sauvetage du *Krest III* qui regagne enfin le temps présent.

Les tyrans d'Andromède focalisent leurs actions suivantes sur la Voie Lactée et contre l'Empire Solaire. En 2405, suite au pacte de paix conclu entre Terraniens et Maahks puis à la destruction de la route des transmetteurs reliant Andromède et la Galaxie, les Maîtres Insulaires sont éliminés les uns après les autres. C'est Atlan qui, au final, remporte le duel décisif contre Faktor I, le Maître suprême – une femme habitée par une volonté de puissance hors du commun et qui avait au préalable réussi à le séduire.

Février 2406 marque le début d'une accalmie de vingt-neuf ans au cours de laquelle Perry Rhodan et ses collaborateurs mettent tout en œuvre pour que l'Alliance Galactique se relève des difficultés qu'elle vient de traverser.

CYCLE 6 EN COURS : M 87 OU LES CONSTRUCTEURS DU CENTRE (à partir de 2435)

En 2435, des Terraniens et des Libres-Marchands de la planète Olympe – une puissance commerciale montante en marge de l'Empire Solaire – s'affrontent en un simulacre d'escarmouche lorsque surgit une titanesque forteresse-robot hémisphérique renfermant près de quinze mille ultra-croiseurs de type moderne ! *OLD MAN*, ainsi ce monstre spatial sera-t-il baptisé, se révélera plus tard être un cadeau destiné à l'humanité par les naufragés temporels du *Dino-III* : prévu pour intervenir contre les Maîtres Insulaires, il a hélas fait irruption avec trente ans de décalage…

Pire encore, il est tombé sous l'emprise de cristaux hypnotiques qui perturbent son comportement. Sur la piste de ces agents hypno-cristallins, Perry Rhodan, Atlan et Roi Danton, le fantasque souverain des Libres-Marchands – qui s'avérera n'être autre que Michael Reginald Rhodan, le propre fils du Stellarque ! – atteignent les Nuages de Magellan et, dans la plus vaste de ces nébuleuses jumelles satellites de la Voie Lactée, se lient avec le peuple humanoléonin des Gurrads. La destruction *in extremis* de l'ensemble des hypno-cristaux présents dans le Grand Nuage déclenche une alarme fréquentielle qui entraîne le réveil des Bi-Conditionnés, les policiers temporels censés châtier toute transgression chronoclaste comme les Terraniens semblent en avoir commis une lors de leur lutte contre les Maîtres Insulaires. Refusant d'admettre l'innocence des humains, les Gardiens Fréquentiels prennent possession de *Old Man* et appareillent pour le Système Solaire. Le *Krest IV*, nef amirale de Rhodan, fait alors les frais d'une arme terrible dont disposent les Bi-Conditionnés et plonge dans une brèche hyperspatiale, escorté par le vaisseau des Halutiens Icho Tolot et Fancan Teik.

À l'issue d'une incroyable dérive, les deux navires émergent dans la galaxie géante M 87, à 32 millions d'années-lumière de la Voie Lactée. Bien des surprises y attendent les égarés du cosmos : sous la coupe des énigmatiques Constructeurs du Centre, cet univers-île se caractérise tout autant par un système rigide et arbitraire de castes spécialisées que par la Radiance du Centre, un prodigieux jet d'énergie bleue qui émane de son noyau. Pour Perry Rhodan et ceux qui l'accompagnent, il s'agit non seulement de trouver un moyen de rallier la Voie Lactée – et pour cela il faut s'allier à un peuple autochtone techniquement très avancé – mais aussi de percer les innombrables mystères de cette galaxie géante… À commencer par la ressemblance morphologique de toutes ses races dominantes avec des Halutiens, et la raison de l'holocauste autrefois perpétré contre les Bestians qui pourraient bien avoir été les ancêtres de ces géants à quatre bras.

Lorsque *Old Man* et les Bi-Conditionnés surgissent dans l'Empire Solaire, tout paraît perdu mais une invention scientifique quasi miraculeuse, l'équipement DpF (détecteur de para-énergie et distorseur fréquentiel) assure plusieurs victoires décisives contre les policiers temporels. Ceux-ci fuient le Système Solaire, abandonné, *Old Man* tombe bientôt entre les mains de ses destinataires légitimes, les Terraniens, qui ont hélas découvert en parallèle que les Gardiens Fréquentiels disposent d'un énorme arsenal para-spatial et qu'un assaut massif contre la Voie Lactée ne saurait tarder.

Si les Terraniens ont identifié que ces êtres inflexibles sont en réalité le jouet d'une puissance supérieure qui les asservit grâce à leurs partenaires symbiotiques, les Dolans sont passés à l'offensive à travers la Galaxie. De nombreuses colonies de l'Empire Solaire sont menacées, certaines déjà ravagées... C'est alors que va surgir un allié inattendu : Tro Khan, qui est parvenu à se débarrasser du joug de son symbiote et révèle que Perry Rhodan se trouve dans M 87. Aussitôt une expédition est mise en place et franchit le gouffre cosmique en réitérant le phénomène subi par le *Krest IV* quelques mois auparavant.

Une rencontre avec les Mooghs, des colosses halutimorphes en lutte contre les Constructeurs du Centre et qui ne sont autres que des Bestians, permettra aux nouveaux arrivants de retrouver Perry Rhodan. Mais la flottille terranienne, désormais forte de quatre unités, ne fuira un danger que pour tomber dans un autre piège : échappant de justesse à l'anéantissement du système des Mooghs par les Dumfries, les exilés n'éviteront la mort que grâce à l'abnégation et au sacrifice du major Kulu et de ses vingt compagnons.

Après avoir combattu aux côtés des Okefenokees, la race des Philosophes de M 87, lors d'une agression des Bestians et s'en être fait des amis, les Terraniens envoient une corvette à la poursuite des cercueils transparents dans lesquels les gnomes expédient leurs morts vers le centre de la galaxie. Elle échoue sur Monol, un cristal géant de la taille d'une planète et où L'Émir se voit miraculeusement offrir un traitement réjuvénateur. La petite troupe virtuellement naufragée sur ce monde singulier ne tarde pas à élucider une énigme majeure : les Constructeurs du Centre ne seraient autres que les Okefenokees régénérés sur Monol, autour de laquelle orbitent des transmetteurs annulaires dorés qui dématérialisent les « ressuscités » vers le cœur de M 87.

Un Bestian capturé lors de l'attaque contre les Philosophes indique alors Léthara, un nuage obscur de la périphérie galactique, comme étant le bastion secret depuis lequel les monstres préparent l'ultime vague destructrice qui balaiera bientôt M 87. Les quatre nefs tentent la percée pour découvrir, isolée dans une bulle biotopique au milieu d'un véritable enfer spatial, une étoile escortée de trois planètes dont la seconde est l'habitat du rameau principal de la race des Bestians, les Pelewons. Après avoir réussi à porter un coup fatal à la station régulatrice qui assurait la pérennité de la bulle biotopique, les Terraniens mettent à jour sur la première planète un secret monstrueux : celui de l'origine des monstres, jadis nés de manipulations génétiques effectuées sur des œufs de Skovars par… les Constructeurs du Centre ! Dans les vastes complexes de ce monde insulaire, le processus se poursuit sous le contrôle d'Okefenokees régénérés et asservis par les Pelewons – qui sont en train de se constituer une armada de Dolans afin de submerger la galaxie géante.

L'anéantissement du système de Dusty Queen, qui marque la fin programmée du péril qui menaçait M 87, et les soixante-deux Okefenokees libérés seront deux atouts majeurs pour Rhodan lors de sa confrontation avec les Constructeurs du Centre. Après un détour par Ednil, le monde originel des Perlians, eux aussi asservis par les Bestians et délivrés par les Terraniens, c'est au cœur d'un gigantesque soleil creux qu'un ultime chantage – la destruction de la planète centrale, siège du dispositif de régulation de l'astre géant – permettra enfin aux exilés d'obtenir les deux convertisseurs paratroniques tant désirés, seul moyen pour eux de franchir *LE GOUFFRE ENTRE LES GALAXIES*…

PREMIÈRE PARTIE

D'UNE GALAXIE À L'AUTRE

PROLOGUE

Les débuts de la navigation spatiale furent très différents de ceux de la navigation maritime. Celle-ci est apparue et a évolué en raison des impératifs de la vie organique, tandis que la première ne s'est développée qu'en suivant des projets bien définis et n'a acquis son droit à l'existence qu'en tant qu'étape à venir sur la liste des progrès de la technique.

De même, le premier humain à être sorti de l'atmosphère à l'intérieur d'une capsule spatiale n'avait que peu de choses en commun avec celui qui osa un jour s'aventurer sur l'océan à bord d'un esquif en bois. Celui-ci vivait dans la peur des dieux et des démons, celui-là avait depuis longtemps abandonné toutes les croyances en de soi-disant forces surnaturelles et n'avait pour seule crainte qu'un éventuel dysfonctionnement de la machinerie technique assurant sa survie. Aussi considérait-il sa capsule comme un outil contribuant à la réussite d'une entreprise scientifiquement nécessaire – alors que son lointain ancêtre tenait le bois composant son embarcation pour un cadeau des dieux, dont les pouvoirs magiques, à savoir rester à la surface de l'eau, lui accordaient le privilège d'accomplir ce que nul autre avant lui n'avait encore osé faire.

Et le point de vue que l'un et l'autre portaient à leur véhicule différait en conséquence. Un bateau était le prolongement d'un individu, alors qu'un engin spatial était un assemblage de dispositifs technologiques, fruit du labeur de nombreuses équipes. Le capitaine d'une nef océanique était censé sombrer avec son bâtiment ; le commandant d'un astronef n'avait pas de tels états d'âme.

Un certain rapport entre l'homme et son vaisseau s'est ainsi perdu lorsque l'humanité commença à voyager dans l'espace. Les histoires d'héroïques capitaines qui osaient risquer leur vie afin de sauver leur navire prirent fin pratiquement en même temps que le deuxième millénaire. Seules restèrent quelques exceptions.

L'aventure du Krest IV *constitue l'une d'entre elles…*

Histoire de la circulation galactique de P.G. Gehle
Publications Meredith, deuxième édition,
1525 NDG (5112 A.D.)
Tome 2 : *La période de transition*

CHAPITRE PREMIER

La noirceur de l'espace disparaissait derrière la brillance des amas d'étoiles. Vue depuis sa bordure, à cent mille années-lumière de son noyau, la galaxie géante M 87 s'exhibait dans toute sa majestueuse profusion de corps stellaires qui se déployaient sur le firmament sans laisser la moindre tache obscure.

Dans l'immense centrale de commandement du *Krest IV*, le secteur de poupe de l'écran panoramique semblait comme un mur de pure lumière. En revanche, sur l'autre partie s'étendait le règne des ténèbres cosmiques, à peine entrecoupées des points indiquant quelques étoiles proches et des macules éparses d'autres univers-îles.

Au centre exact de l'écran de proue brillait un soleil jaune-orangé qui s'était petit à petit détaché du foisonnement des corps célestes. La détection avait révélé que cet astre ne possédait qu'une unique planète, dont les caractéristiques physiques et orbitales associées à celles du rayonnement solaire permettaient de présumer que ce monde inconnu devait être assez proche du modèle terrestre. C'était vers ce globe que se dirigeait la nef amirale de l'Empire Solaire à la coque de laquelle adhéraient, maintenus par des champs coercitifs, minuscules – presque insignifiants – en comparaison du géant terranien, les deux vaisseaux des Halutiens.

Lorsque la distance se fut réduite à dix unités astronomiques, les données recueillies par les senseurs permirent de confirmer l'exactitude de cette hypothèse : la planète étrangère ressemblait beaucoup à la Terre. L'on baptisa ce monde « Homeside », et le *Krest* adopta une trajectoire d'approche ferme et définitive.

***

Quelques heures plus tard, et plusieurs orbites après…

Homeside était un monde jeune, humide et chaud. L'eau recouvrait soixante-dix pour cent de la surperficie du globe tandis que des jungles denses occupaient quatre-vingt-dix pour cent des continents. Les zones équatoriales étant insupportablement torrides et masquées sous une couche nuageuse permanente, Perry Rhodan fixa le choix du site d'atterrissage sur un plateau où alternaient savanes buissonneuses et forêts isolées, non loin du centre du continent sud-polaire.

De vie indigène intelligente, il n'y avait pour le moment nulle trace. Les survols avaient établi de façon certaine la carence totale d'agglomérations étendues à la surface. Les dispersions radiatives caractéristiques de toute civilisation ayant atteint un stade de développement post-mécanique brillaient également par leur absence. Rien n'avait été décelé qui aurait pu inciter l'état-major du vaisseau à douter qu'Homeside fût un monde complètement inoffensif, et donc apte à accueillir les exilés le temps de mener à bien les tâches à entreprendre.

Les deux nefs des Halutiens se détachèrent de la coque de l'ultracroiseur pour se poser par leurs propres moyens. Quand les trois appareils se dressèrent enfin sur le plateau choisi par Rhodan – les deux sphères noires de cent trente mètres de diamètre de part et d'autre de l'immense *Krest* presque vingt fois plus haut – il était 8 h 45, le 4 septembre 2436, temps standard.

L'écran panoramique affichait l'image d'un territoire vierge. Le ciel était bleu et clair, juste tamponné çà et là de l'ouate en lente dérive de quelques nuages, tandis qu'au sol, là où la place n'était pas occupée par des arbres ou des buissons, s'étendait une prairie de hautes herbes aux tiges épaisses et parcourue d'ondulations sous l'effet d'une brise légère.

Homeside était un monde paisible, le doute n'était plus permis.

Du moins en apparence.

La besogne débuta immédiatement : il y avait beaucoup à faire. Les deux convertisseurs paratroniques devaient être déchargés du *Krest* et installés dans les vaisseaux halutiens. Il était en plus nécessaire d'aménager ceux-ci afin d'accueillir presque cinq mille passagers. La charge de travail était considérablement plus importante que n'étaient prêts à l'admettre ceux qui brûlaient d'impatience, peu disposés qu'ils étaient à attendre jusqu'à ce qu'arrive enfin l'instant où les trois astronefs décolleraient pour la dernière fois de la surface d'un monde de M 87 pour entamer – tout au moins pour deux d'entre eux – le voyage vers la Galaxie-patrie.

Le lieutenant Paol Haines n'était pas partie prenante dans l'affairement général qui s'était développé immédiatement après l'atterrissage. Il était de service dans la centrale de commandement de l'ultracroiseur, où sa tâche consistait à surveiller les instruments de détection et de localisation.

Lorsque Haines vit s'inscrire sur l'un des écrans une série d'impulsions non identifiables et se succédant à grande vitesse, il était 10 h 05, temps standard.

La cascade de signaux dura presque une minute entière pour s'achever aussi abruptement qu'elle avait commencé. Après avoir rapidement consigné son observation dans le registre de bord, l'officier se mit à analyser sans attendre les ondes captées. Il s'agissait sans l'ombre d'un doute d'une radiation dimensionnellement complexe, donc d'un hyperrayonnement – dans l'une ou l'autre des centaines de milliers d'acceptions qu'embrassait cette notion. Les impulsions étaient faibles et indistinctes, comme si elles provenaient d'un émetteur usé par le temps. Toutefois elles possédaient encore une forme d'onde suffisamment caractérisée pour que la positronique les considère comme parfaitement modulées.

Ce résultat obtenu – l'examen des données avait duré treize minutes –, Paol Haines avertit alors son supérieur. Après quoi il fut déchargé de toute nouvelle responsabilité, ce qui le soulagea grandement : vu qu'il était resté assis presque sans interruption depuis près de vingt heures devant le même pupitre de contrôle, sa capacité à raisonner logiquement et à prendre des décisions pertinentes était clairement sur la pente descendante.

Le compte rendu de l'incident se fraya un chemin tout au long de la voie hiérarchique, aucun des destinataires successifs ne lui attribuant d'importance particulière, pour atteindre finalement Perry Rhodan et l'équipe constituée de ses plus proches collaborateurs. Le Stellarque ordonna de lancer des sondes à une hauteur de dix kilomètres, disposées le long d'un cercle de cinquante kilomètres de rayon centré sur le *Krest*. À cette distance, à l'abri des perturbations énergétiques émises par les trois vaisseaux, elles seraient en mesure de capter et enregistrer avec une relative fiabilité tout ce qui était susceptible de l'être.

Entre-temps, Paol Haines avait été relevé. Après avoir regagné la cabine qu'il partageait avec deux autres lieutenants, il s'était allongé sur sa couchette, s'endormant dans un sommeil profond comme la mort à peine ses épaules avaient-elles touché le matelas.

Le lourd labeur de déchargement des deux convertisseurs paratroniques se poursuivit pendant qu'une autre équipe commençait à aménager l'intérieur des deux nefs halutiennes, divisant horizontalement la plupart des espaces libres en niveaux écartés de tout juste un mètre au moyen de panneaux dont la majeure partie était directement fabriquée sur place. Le petit plateau, au centre du continent sud-polaire d'une planète inconnue orbitant autour d'un soleil situé en bordure de la galaxie elliptique M 87, était devenu une fourmilière. Mais cette agitation, si fébrile qu'elle pût paraître, se déroulait en obéissant à des directives très précises, sans confusion et avec une détermination typiquement terranienne.

Jusqu'à 13 h 05.

Aux environs de 12 h 48, un robot fut envoyé chercher un technicien du nom de Dunko Tames. Celui-ci s'était écarté du lieu de son travail pour aller satisfaire un besoin naturel derrière les buissons après avoir, conformément au règlement, dûment informé la machine afin que nul ne s'inquiète de sa brève absence. Lorsque le temps normalement consacré à une telle activité eut été dépassé d'un facteur trois, le robot signala l'anomalie, recevant en retour mission de retrouver cet homme. Le disparu fut découvert quelques minutes plus tard au milieu des broussailles derrière lesquelles la mécanique l'avait vu s'éclipser.

Dunko Tames gisait sur le dos, une blessure fraîche sur le visage – mort.

La plaie s'était partiellement encroûtée. Bien qu'il s'agît indubitablement du propre sang du défunt, la couleur de cette croûte tirait non pas sur le rouge sombre, mais sur le bleu verdâtre.

*
* *

Les travaux se poursuivirent pendant qu'une équipe de médecins procédait en toute hâte à l'autopsie du cadavre. Une heure suffit pour établir que Dunko Tames était mort empoisonné par une substance qui s'était répandue dans sa circulation sanguine depuis sa blessure. La composition chimique du produit n'avait encore pu être déterminée, toutefois cela n'avait dans l'immédiat que peu d'importance pour la compréhension du problème. Ce qui comptait beaucoup plus était l'hypothèse concernant l'origine de la balafre : celle-ci avait été occasionnée par un objet dur et effilé, dont l'aspect put être approximativement extrapolé à partir des caractéristiques de l'entaille. L'arme du crime ressemblait étonnamment à un long bec d'oiseau.

Une recherche fut entreprise afin d'identifier les espèces

aviaires dont la forme du bec correspondait à la reconstitution des experts. À 15 h 00, temps standard, il fallut reconnaître que si de tels volatiles existaient, ils étaient rares ou se cachaient bien. Les robots chargés de cette investigation avaient catalogué en quatre-vingt-dix minutes plus de trois cents variétés ornithologiques différentes – dont aucune n'avait un bec approchant un tant soit peu de la morphologie désirée.

Dans l'intervalle, une autre équipe de machines avait passé au peigne fin les alentours de l'endroit où avait été retrouvé le corps de Dunko Tames, et les résultats de leurs observations n'étaient pas dépourvus d'intérêt. Les marques matérielles, ainsi que les traces thermiques que parvinrent à relever les détecteurs à infrarouges ultrasensibles avant qu'elles se soient totalement dissipées, permirent d'établir que la victime, après s'être acquittée de ce pourquoi elle s'était isolée derrière les fourrés, avait pénétré à l'intérieur de ceux-ci – au lieu de regagner son poste de travail par le chemin le plus direct – pour y demeurer immobile plusieurs minutes durant. Les thermosenseurs repérèrent également d'autres empreintes à proximité de cette position, lesquelles étaient d'une part trop faibles pour avoir été laissées par Dunko Tames, et d'autre part situées en des emplacements difficilement accessibles, comme par exemple sur les branches centrales des buissons. La conclusion était évidente : cette deuxième série ne pouvait être due qu'à la créature qui avait tué le technicien.

Un des résultats les plus étranges fut le constat que Tames n'avait manifestement opposé aucune résistance à son agresseur, comme s'il était resté à la même place, fasciné par quelque chose, et que le coup de bec ayant entraîné sa mort lui avait été asséné à l'improviste. Un tel comportement était susceptible de moult explications mais les habitudes de l'individu, telles que Perry Rhodan se les était fait rapporter par la positronique de bord, réfutaient d'emblée les motifs ayant *a priori* paru les plus plausibles : Dunko Tames n'était en aucun cas un admirateur de la nature et même la vue d'un chien à deux têtes ne l'aurait pas incité à s'écarter de son chemin ne serait-ce que d'un pas. L'homme était d'un pragmatisme poussé à l'extrême. Alors que la médiocrité apparente de ses semblables le laissait indifférent, la possibilité de gagner sans effort cinq cents solars de plus l'aurait en revanche stimulé. Tout comme l'occasion de faire une découverte susceptible de le propulser sur le devant de la scène.

Étant donné qu'il était peu probable que la vision de son meurtrier eût amené le technicien à croire qu'il pourrait en tirer un profit financier, il était beaucoup plus vraisemblable que, pensant avoir fait une trouvaille importante, il avait dans son excitation négligé les mesures de prudence les plus élémentaires.

Comme de coutume, le trépas inattendu de Dunko Tames fut considéré comme un malheureux accident et, après une courte période d'interruption causée par l'inquiétude générale, le travail reprit avec une ardeur renouvelée. Chacun fut encouragé à surveiller l'apparition d'oiseaux au long bec, mais comme aucun volatile de ce genre ne semblait se trouver dans les parages, la vigilance faiblit rapidement. Vers dix-sept heures, le retard avait été rattrapé et le premier convertisseur descendu du sas de chargement du *Krest*, reposant à présent sur un socle mobile lui-même installé sur une surface de terrain préalablement aplanie.

À dix-sept heures quarante et une, le mécanicien de première classe Ovidio Gonzales fut signalé manquant par la machine qui lui avait été adjointe. Une battue générale, à laquelle participa notamment une compagnie entière de robots détecteurs hautement spécialisés, ne parvint pas à retrouver la moindre trace de l'individu.

Ce deuxième incident convainquit Perry Rhodan que, s'il voulait que les travaux en cours soient rapidement menés à bien, il lui fallait d'abord expliciter les mystérieuses circonstances qui menaçaient la sécurité des Terraniens.

*
* *

Une main le secouant avec vigueur contraignit Paol Haines à émerger des profondeurs d'un sommeil de plomb. Il roula sur le dos en clignant des yeux, incapable de comprendre sur le coup ce qui lui arrivait. Une gigantesque silhouette se dressait devant sa couchette tandis qu'une puissante voix de basse disait :

— Excusez-moi de devoir vous réveiller ainsi, mais on a besoin de vous.

Le mot clé provoqua le résultat attendu. Paol sortit pour de bon des bras de Morphée, même s'il n'était pas encore en mesure de raisonner logiquement. Se relevant sur les coudes, il reconnut l'imposant Eller Mainart, un sergent de son unité.

— On a une mission pour nous, Monsieur, précisa Mainart.

Le lieutenant se passa une main sur le front. Il ne se souvenait pas avoir jamais éprouvé autant de mal à émerger du sommeil.

— Compris, grommela-t-il. J'arrive tout de suite. Qui est-ce qui nous demande ?

— Le major Lansbury, Monsieur.

Le sergent se retira après avoir opéré un demi-tour militairement irréprochable. Paol Haines eut besoin de dix minutes pour se préparer à se présenter devant le major – dont huit passées sous une douche froide et consacrées à évacuer les derniers vestiges de sa somnolence.

Lansbury, un homme petit et musclé, exposa l'affaire à sa manière habituelle, c'est-à-dire en quelques mots rapides et indolores.

— Quelque chose nous menace. Qui ou quoi, d'où,

pourquoi et comment, nous l'ignorons. Vous et trois hommes êtes chargés de le découvrir pour nous, lieutenant.

Telle était donc la mission de Paol. Il apprit de l'officier d'ordonnance de Lansbury que, parmi ses trois compagnons, seul le sergent Mainart participait de son propre gré, les deux autres étant des caporaux désignés qu'il ne connaissait pas. Leur tâche consistait à explorer en détail les alentours du site d'atterrissage avec un glisseur et, au cas où ils ne relèveraient rien de suspect, de pousser dans la direction depuis laquelle étaient parvenus les signaux qu'il avait détectés.

La logique qui sous-tendait cet ordre ne fut pas expliquée au lieutenant. Celui-ci ne n'en formalisa point : il avait assez d'esprit militaire pour savoir que quelqu'un placé loin au-dessus de lui dans la hiérarchie avait gambergé pendant un certain temps, pour en arriver à la conclusion selon laquelle les impulsions non identifiées devaient avoir un rapport avec la mort du premier technicien et la disparition complète du second.

Le glisseur était déjà prêt, et le sergent Mainart avait fait le nécessaire pour que les deux caporaux de l'expédition fussent équipés en conséquence, veillant en outre à se procurer des armes pour Paol ainsi qu'une batterie d'instruments de mesure. L'officier d'ordonnance de Lansbury avait attiré l'attention de Haines sur un point précis : on escomptait une reprise des émissions étrangères. Si le véhicule mis à la disposition du lieutenant et de son groupe était trop petit pour emporter un système d'analyse utilisable, il n'avait cependant pas été envisagé une seule seconde de l'autoriser à se rapprocher de la source des signaux sans en tirer parti, aussi emmenait-il une sonde-relais qui réacheminerait les impulsions recueillies vers la positronique d'évaluation du *Krest*.

Quand le glisseur émergea de l'un des hangars inférieurs de l'ultracroiseur pour entamer les recherches, l'horloge de bord indiquait dix-huit heures trente et des poussières. Que l'heure locale et le temps standard terranien correspondissent presque exactement était un pur hasard. Lorsque Paol Haines dirigea l'appareil vers une petite éminence se dressant au-dessus de la savane buissonnante, le soleil jaune orangé commençait à baisser sur l'horizon. Il n'était toutefois pas près de se coucher, car c'était l'été et le camp de Perry Rhodan ne se situait qu'à quelques centaines de kilomètres du pôle sud de Homeside.

Le ratissage du voisinage du site ne fut que simple routine. Paol avait fait appel aux techniques usuelles telles que l'observation infrarouge, les capteurs soniques et la reconnaissance de formes. Si la détection thermique lui livra des résultats en pagaille, elle ne lui procura aucun élément qui le rapprochât de l'objectif : certes, les taillis abritaient une incroyable population animale dont la température corporelle était supérieure à la chaleur ambiante, mais aucune de ces bestioles n'était équipée d'un long bec. Les micros enregistrèrent en moyenne un millier de bruits par minute, parmi lesquels la petite positronique de bord identifia la répétitivité caractéristique des sons produits par des animaux et put y rattacher chacun des signaux sonores captés. L'identification morphologique enfin, elle aussi assistée par la positronique, ne découvrit rien du tout – plus précisément, elle ne put déceler aucun détail au sol dont les contours auraient indiqué qu'il avait été laissé par une créature plus ou moins évoluée.

Le système de reconnaissance de formes n'était pas un équipement standard du véhicule. Il y avait été ajouté parce que, suite au comportement reconstitué de Dunko Tames, on soupçonnait que l'adversaire inconnu n'était peut-être pas un simple animal, mais un individu intelligent.

Vers vingt heures, Paol décida que la poursuite de l'exploration des abords du camp n'apporterait aucun élément exploitable et prit la direction de laquelle étaient provenus les énigmatiques signaux. Son objectif se trouvait au nord-est et, d'après les estimations des experts, éloigné de deux à trois cents kilomètres. Le soleil n'était plus à cette heure qu'à une main au-dessus de l'horizon.

La pleine clarté du jour avait cédé la place à une douce lueur crépusculaire rougeâtre. Au fur et à mesure que le glisseur s'enfonçait dans les terres inconnues, la nature du sol au-dessous de lui se modifiait petit à petit. Au-delà de la limite du plateau s'élevaient des massifs montagneux recouverts d'une dense sylve entrecoupés d'étroites gorges.

L'officier suivit le cours des vallées de sorte à n'omettre aucun point de repère possible, mais les instruments restèrent muets. Où que se cachât l'adversaire, ce n'était pas ici.

Il était près de vingt et une heures, et la destination théorique n'était plus qu'à cent cinquante kilomètres, quand un appel arriva depuis le *Krest* et qu'une voix excitée déclara :

— Arrêtez-vous là où vous êtes, lieutenant Haines ! Votre sonde nous relaie des impulsions, et elles sont d'une parfaite netteté !

***

Décidant de ne prendre aucun risque, Paol posa le glisseur sur une avancée rocheuse d'à peine quatre mètres de large et située à une centaine de mètres en contrebas de l'une des crêtes montagneuses. S'assurant que les signaux étaient toujours bien reçus par l'ultracroiseur, il demanda à être averti aussitôt que la transmission se serait interrompue. Considérant cet atterrissage comme un intermède bienvenu, Mainart et les deux caporaux sortirent du véhicule afin de se dégourdir les jambes – requête tout particulièrement compréhensible de la part du sergent dont la stature atteignait deux mètres. Le lieutenant, préférant demeurer à son poste pour ne pas manquer l'appel du *Krest*, regarda les trois hommes s'éloigner vers le nord le long de la saillie avant de disparaître derrière un angle. Ensuite, il scruta le versant couvert d'une dense végétation qui s'étendait sur sa gauche en s'élevant en pente raide vers le sommet, se représentant en esprit les créatures étrangères qui se faufilaient au sein de cette profonde jungle et se chassaient les unes les autres dans le crépuscule rougeâtre s'emplissant graduellement de bruits qui fusionnaient en une déconcertante et plaintive symphonie.

Il dut s'être laissé emporter un peu trop loin par son imagination, car lorsqu'une ombre grise apparut soudain à l'extérieur, se précipitant droit vers lui, il resta pétrifié par l'effroi une seconde entière. Avant qu'il ait retrouvé sa mobilité, il entendit un choc sourd et sentit une secousse agiter le véhicule. Il saisit les commandes de pilotage afin de faire décoller le glisseur au cas où la situation l'exigerait, puis vit émerger de l'avancée rocheuse la longue silhouette du sergent Mainart en train de brailler furieusement. Un rai d'énergie concentré joignit le rebord de la plate-forme à la sylve en contrebas, couvrant momentanément d'un sifflement perçant les bruits de la faune.

Paol descendit, arme au poing, tandis que Mainart se ruait vers lui, suivi des deux caporaux.

— Espèce de voleur ! écumait le sergent, pris d'une rage incontrôlable.

Ofar et Phillip, les deux gradés, paraissaient faire leur possible pour se maintenir à proximité du sous-officier, comme s'ils recherchaient sa protection. L'équipement d'Ofar était partiellement arraché sur un côté.

Notant que manquait le radiant avec sa gaine, Haines fixa le caporal.

— Ne venez pas me soutenir que quelqu'un aurait volé votre arme !

Ofar baissa les yeux.

— Il n'y peut rien, Monsieur, s'interposa Mainart. Le voleur avait d'abord jeté son dévolu sur moi. Quand il s'est approché latéralement, Ofar a été le premier à l'apercevoir. Il a sorti son radiant pour tirer, mais il ne pouvait déjà plus le faire sans risque. La Pie…

— La Pie… ? l'interrompit Paol.

— Ben oui – une sorte d'oiseau géant. Et voleur !

L'officier hocha la tête pour approuver l'appellation si spontanément improvisée.

— La Pie a flairé le manège, poursuivit le sergent. Elle a changé de cible et s'est précipitée sur Ofar. Avant qu'il comprenne ce qui lui arrivait, la bête lui avait soustrait l'arme de la main. Il a bien essayé de la rattraper, seulement tout ce qu'il a récupéré a été une estafilade sur le flanc droit. Le temps que Phillip et moi nous en mêlions, la Pie avait arraché la gaine et l'avait lancée dans les broussailles. J'ai tenté de sauter sur elle, toutefois elle m'a vu venir et s'est sauvée derrière le contrefort.

— Dans sa hâte, compléta Paol, elle n'a pas remarqué le glisseur et s'y est cognée.

— Ce qui ne semble pas lui avoir fait grand-chose, grommela Mainart. Quand je l'ai revue, elle planait avec élégance le long de la pente, au-dessus des cimes des arbres. Je lui ai tiré dessus, mais j'ai dû la manquer.

Le lieutenant s'efforça de rassembler ses souvenirs. Il n'avait aperçu l'ombre qui l'avait sorti de sa rêverie que durant une fraction de seconde, toutefois elle lui avait paru énorme.

Il s'adressa aux trois hommes.

— De quelle taille était l'agresseur, selon vous ?

Écartant les bras, le sergent examina successivement ses deux mains d'un air interrogateur avant de secouer la tête. Ses longs membres s'étiraient sur une largeur de près de deux mètres cinquante.

— Bien plus que ça en envergure, précisa-t-il. Entre quatre et cinq mètres. Mais beaucoup moins en hauteur. Un mètre cinquante tout au plus, dirais-je.

Ofar et Phillip confirmèrent l'estimation.

— Le bec ? voulut savoir Paol.

Mainart hocha la tête.

— Long et pointu. Environ cinquante centimètres.

L'officier réfléchit. Pendant le vol, il avait écouté l'enregistrement relatant en détail les cas de Dunko Tames et

Ovidio Gonzales. La description correspondait assez bien, et le bec de la Pie pouvait parfaitement être celui-là même qui avait infligé à Tames la blessure mortelle.

Il pivota pour se diriger pensivement vers le glisseur. L'exclamation du sergent le fit sursauter.

— Au-dessus du siège du pilote, Monsieur ! Sur le plastoverre !

Haines examina l'emplacement indiqué par Mainart. Le plastoverre était non seulement plus élastique, mais aussi plus tendre que le verre. Un objet dur avait laissé une éraflure sur le dôme, juste au-dessus de l'endroit où se trouvait normalement la tête du pilote. L'entaille dans le matériau transparent était bordée de part et d'autre d'une pellicule à moitié séchée d'un liquide bleu verdâtre.

Se remémorant les causes du décès de Dunko Tames, Paol sentit un frisson le parcourir. La Pie n'avait pas heurté le véhicule accidentellement. L'apercevant dans le fauteuil de pilotage, mais sans aviser le panneau limpide protecteur, elle avait tenté de lui asséner un coup de bec – un coup analogue à celui qui avait tué le technicien.

Il commençait à se dire que la mission qui lui avait été confiée s'avérait plus dangereuse qu'il ne l'avait cru au départ.

À cet instant, le télécom se mit à bourdonner à l'intérieur du glisseur.

— *Krest* à Aigle Un. Les signaux ont cessé. Vous pouvez poursuivre votre route.

Les quatre hommes remontèrent à bord, après quoi Paol décolla de l'assise de roche pour reprendre la direction du nord-est. Il ne cessait de s'interroger sur ce qui les attendait plus loin, et soudain une pensée lui traversa l'esprit : et si les Pies étaient assez intelligentes pour découvrir comment se servir du radiant volé ?

Ce fut d'une voix anxieuse qu'il transmit à la nef amirale le compte rendu des derniers événements.

*
* *

Vingt-deux heures.

Aigle Un était à présent tout près du secteur d'où étaient théoriquement provenus les signaux. Durant l'heure écoulée, la nature du terrain avait à peine changé. Le glisseur survolait toujours les crêtes des montagnes pour passer d'une vallée profondément encaissée à la suivante, quoique les sommets ne parussent plus aussi élevés qu'avant. Une caractéristique semblait toutefois inhérente à l'ensemble de la région : le moindre mètre carré de sol sur lequel la végétation était capable de s'enraciner était couvert d'une sylve impénétrable.

Des Pies, nulle trace. Même l'émetteur inconnu était resté muet. L'appréhension de Paol Haines s'était peu à peu dissipée. Pour des raisons qu'il ne parvenait pas à s'expliquer, il avait brusquement acquis l'impression qu'avec l'agression de la Pie sur le sergent Mainart et le vol du radiant d'Ofar, le pire était passé.

Quelques minutes plus tard se dessina au milieu de la forêt, à environ cent mètres de la rive orientale d'une rivière au cours impétueux, une clairière circulaire dont la forme était si régulière qu'elle semblait être d'origine artificielle.

Le lieutenant survola cette trouée à plusieurs reprises sans rien noter qui pût confirmer ou infirmer son hypothèse, puis il se décida à atterrir.

Le diamètre de l'éclaircie, dont la surface était recouverte d'une herbe fine et clairsemée, atteignait à peine trente mètres. Phillip et Ofar recueillirent un échantillon de terre en vue d'une analyse ultérieure à bord du *Krest*. L'humus, constitué d'une matière humide et grasse, paraissait riche en substances nourricières, tout comme le second échantillon extrait quelques instants après du sol de la jungle.

Paol, quelque peu frustré, décréta une pause prolongée

avant d'annoncer sa position à l'ultracroiseur. Le sergent Mainart ouvrit quelques-unes des conserves autochauffantes et en distribua le contenu aux hommes. Le quatuor mangea en silence, apaisant sa soif à l'aide d'un bidon de plastique empli de limonade au parfum de synthèse qui passa de mains en mains.

Le lieutenant Haines se sentit fatigué. L'air chaud et moite, les bruits monotones de la forêt, la pénombre rougeoyante du soleil presque sur l'horizon, le bruissement du torrent – tout cela contribuait à le plonger en un état dans lequel l'esprit semblait se détacher du corps pour planer avec lenteur et passivité de-ci, de-là pendant que les muscles amorphes se détendaient, agréable abandon à une douce somnolence.

Ofar bâilla avant de s'allonger par terre. Paol contempla un instant l'homme immobile les yeux grands ouverts, fixant le ciel sombre et carminé. Phillip, appuyé contre la coque du glisseur, avait fermé les paupières. Eller Mainart, qui s'était allumé une cigarette, paraissait moins occupé à se délecter de la fumée qu'à scruter les alentours.

Prenant une profonde inspiration, le lieutenant emplit ses poumons d'air humide et étouffant. L'odeur ambiante était celle de la jungle et des bêtes sauvages, et chaque respiration avait un effet enivrant. Paol perçut de plus en plus nettement que son esprit se séparait de son enveloppe charnelle. Il avait beau être conscient que seul cet esprit ordonnait à ses poumons de se remplir et de se vider avec régularité, il avait beau éprouver la sensation de la vapeur chaude et moite pénétrant dans ses narines, il ne pouvait se défendre de l'impression qu'en réalité il flottait loin au-dessus de la clairière, emporté par un indéfinissable courant d'air, en regardant son propre corps parmi le groupe installé près du véhicule.

C'était un étrange sentiment, et il commença à le savourer. C'était plaisant de glisser dans la brise tiède, délivré de toutes les contraintes physiques – planer par ici, voler par là, il lui suffisait de le désirer. Il ne se découvrait cependant aucune envie de s'éloigner de la trouée : il ne souhaitait rien de plus que rester ici en se balançant dans le vent, et il semblait n'y avoir dans l'Univers aucune aspiration plus élevée que de satisfaire son besoin de félicité suprême.

Il se demanda si Mainart, Ofar et Phillip ressentaient la même chose que lui. Il se disposa à leur poser la question, mais quand il voulut énoncer celle-ci, il s'aperçut qu'il existait au moins une faculté que sa transcendance lui avait fait perdre : il était devenu incapable de parler.

Ce point nouveau ne l'alarma pas. Il n'avait pas réellement besoin de parler. Il était assez heureux comme ça.

Il observa le sergent en train de fumer sa cigarette pour tenter de déduire, d'après ses mouvements, s'il avait été transformé de la même manière que lui. Il fit ainsi sa seconde constatation : la silhouette de Mainart était devenue floue. Il reporta son regard sur Ofar, puis sur Phillip, et éprouva des difficultés à les distinguer l'un de l'autre. C'était comme si un mur de chaleur s'était élevé entre lui et les autres, causant une vibration de l'air et perturbant sa vision.

Le nirvana laissa tout à coup place à l'inquiétude.

Il venait de réaliser d'une seconde sur l'autre que l'état dans lequel il était plongé était rien moins que normal, et il se demanda pourquoi il ne s'en était pas rendu compte depuis longtemps.

Il effectua une nouvelle tentative pour s'exprimer à voix haute. Mais les ordres transmis par son esprit paraissaient se perdre dans le néant, comme si ses organes de phonation lui avaient purement et simplement été dérobés.

Je suis devenu fou, songea-t-il, *je débloque complètement*. Il devait y avoir dans l'air une quelconque impureté toxique qui l'enivrait en lui ôtant la capacité à reconnaître le danger dans lequel il baignait.

C'était à peine s'il arrivait encore à distinguer Mainart, Ofar, Phillip et le glisseur. La jungle n'était plus qu'une muraille obscure dépourvue de texture, et le faible murmure de la rivière proche lui tambourinait dans les oreilles. Des profondeurs de son subconscient émergea subitement une réflexion au sujet de Dunko Tames.

Cet homme était resté immobile pendant plusieurs minutes alors qu'il avait en face de lui la créature qui allait être responsable de sa mort.

Comme si Tames avait été ensorcelé.

Ensorcelé… !

Était-il lui-même sous l'effet d'un envoûtement analogue ? Le meurtrier attendait-il derrière le mur sombre de la sylve, prêt à asséner le coup fatal dès que son diabolique pouvoir aurait étouffé toute volonté de résistance ?

Paol bondit.

Dans la fraction de seconde qui suivit, il recouvra la maîtrise de ses membres, de ses muscles et de ses nerfs. Il lui avait suffi de prendre conscience du péril mortel pour rompre le charme.

Il cria un avertissement à ses trois compagnons.

Au même instant se fit entendre, venant de la forêt, le sinistre vacarme d'une agitation frénétique.

Un essaim de Pies surgit des frondaisons pour se jeter sur les humains.

*
* *

Haines réagit instinctivement. Comme mue par une intelligence propre, sa main droite empoigna le radiant et le leva tout en ôtant la sûreté. La première salve flamboya en émettant un feulement, balayant d'un feu destructeur la nuée volante de créatures étrangères. Des corps carbonisés chutèrent au sol, sans toutefois ébranler l'assurance du reste des agresseurs, dont la multitude s'abattit sur les quatre Terraniens.

Paol se jeta à terre pour ramper vers le glisseur. Percevant un cri poussé par quelqu'un, il vit Ofar s'effondrer. Il entendit Mainart hurler quelque chose qu'il ne comprit pas. Se traînant sur les coudes et les genoux, il se dirigea vers le véhicule alors qu'au-dessus de lui le crépuscule rougeâtre s'obscurcissait, masqué par les immenses ailes des Pies.

Une fois sous l'appareil, il se tourna. La carrosserie massive lui procura un certain sentiment de sécurité et, cessant d'être obnubilé par sa propre sauvegarde, il redevint à même de réfléchir à la meilleure façon de repousser l'assaut des aviens. L'air vibrait sous le choc des battements rapides des gigantesques ailes. L'officier estima le nombre des assaillants à plus de cent. Quant à leurs intentions, aucun doute n'était permis : à l'endroit exact où Ofar était tombé, une poignée de monstres volants avait atterri pour s'acharner sur leur proie à grands coups de leurs longs becs pointus. Phillip n'était visible nulle part, tandis que Mainart était toujours debout et courait à grandes enjambées vers le glisseur, les bras levés pour protéger sa tête et poursuivi par une armée de Pies. Paol tira une bordée qui, si elle roussit probablement la peau du sergent, lui sauva tout aussi vraisemblablement la vie : deux des créatures qui étaient sur le point de le rejoindre furent atteintes de plein fouet et tombèrent.

Mainart plongea à l'abri du véhicule.

— Elles se parlent entre elles ! cria-t-il en s'installant à côté de l'officier. Elles s'échangent des ordres !

Si ces mots ne semblèrent tout d'abord à Paol qu'une suite de sons presque inintelligibles, leur signification pénétra peu à peu dans sa conscience, bien que pour le moment il n'eût pas trop de toutes ses mains pour contenir la progression des aviens. Ceux-ci avaient compris que deux de leurs proies s'étaient cachées sous le glisseur, et ils attaquaient de toutes parts. Le lieutenant tirait sans répit avec son radiant, le sergent agissant de même dans la direction opposée. Deux ou trois Pies approchèrent si près que Haines put voir l'éclat dans leurs yeux en boutons de bottines, enregistrant quelque part en arrière-plan de son esprit que ces êtres n'étaient pas des oiseaux –

plutôt des sortes de chauves-souris. Leurs corps n'étaient pas recouverts de plumes, mais d'une fourrure rêche, un peu comme celle d'un fox-terrier. Seule la peau des ailes était lisse et à poils ras.

Les deux armes radiantes semèrent la mort et la destruction parmi les sanguinaires agresseurs. Par-dessus les claquements de leurs coups d'ailes, Paol perçut leurs voix pépiantes qui émettaient des sons suraigus et incontestablement articulés. Mainart avait raison : les Pies parlaient ensemble. Elles étaient donc intelligentes, et par conséquent il devait exister un moyen de s'entendre avec elles.

Balayant et liquidant d'une salve quatre assaillantes qui s'étaient approchées à moins de cinq mètres du glisseur, l'officier décida toutefois que le moment était malvenu pour gamberger là-dessus.

Le tapage des battements d'ailes gagna soudain en intensité, affolant Haines qui ne put au premier abord imaginer une autre explication que l'arrivée de renforts.

Il perçut alors le cri de triomphe de Mainart et vit au même instant ce qui se passait en réalité : les Pies avaient abandonné. Les dernières survivantes fuyaient la clairière à coups d'ailes précipités pour disparaître au-dessus de la forêt, derrière les cimes des arbres.

Paol resta couché deux ou trois minutes encore, jusqu'à être certain que nul danger ne les menaçait plus. Le sergent suivit son exemple, après quoi ils s'extirpèrent de sous le glisseur. Si auparavant l'air avait été empli des étranges senteurs de la jungle, maintenant il empestait. Ici et là, de fines volutes de fumée s'élevaient des parties calcinées des cadavres des Pies. Ofar gisait à moins de dix mètres du véhicule. Les bêtes l'avaient attaqué en masse et avaient complètement déchiqueté son équipement. Lui-même avait reçu au moins une douzaine de coups de bec dont chacun présentait la coloration bleu-vert caractéristique découverte pour la première fois sur Dunko Tames. Toute vie avait déserté le caporal.

Au premier abord, Phillip avait purement et simplement disparu. Ils le retrouvèrent cependant aussitôt qu'ils eurent entrepris de fouiller la bordure opposée de la clairière. Il avait probablement tenté de fuir l'assaut des Pies qui avaient fondu sur le glisseur du côté défendu par Mainart, tout en s'efforçant d'atteindre lui-même l'appareil pour se mettre à l'abri. S'il n'avait essuyé que trois coups de bec, il était tout aussi irrévocablement mort que le caporal Ofar.

Paol sentit une métamorphose s'opérer en lui. Il était à nouveau à même d'éprouver des émotions non exclusivement tournées vers l'instinct de survie, et la première qu'il ressentit fut un flot de colère aveugle.

Il se dirigea vers l'un des cadavres de Pie : un tir direct au milieu du corps lui avait été fatal. Le faisceau d'énergie gros comme le pouce avait traversé l'organisme sans provoquer de brûlures sérieuses. Le tronc, mince et dépourvu d'extrémité caudale, mesurait à peine un mètre cinquante de long. Un membre inférieur unique, épais et se terminant par un pied discoïdal sans doigts, sortait de la base de l'abdomen. Les ailes se rattachaient aux flancs, le haut de la jointure se situant à une dizaine de centimètres plus bas que les épaules. Des épaules elles-mêmes, non loin de l'encolure, émergeait une paire de fins bras préhensiles prolongés par des mains dotées de six longs doigts. Le cou, délié et court, avait conservé dans la mort une mobilité et une souplesse analogues à celles du caoutchouc mousse. Le crâne, une sphère d'environ trente centimètres de diamètre, supportait le bec long et effilé ainsi qu'une paire d'yeux brillants en forme de boutons, dont Paol avait eu l'occasion de remarquer le regard fascinant alors qu'il était encore sous le glisseur. De la fourrure drue dépassaient quatre excroissances cartilagineuses et nues qui pouvaient être soit des narines, soit des oreilles, soit l'un et l'autre. Le bec était entièrement lisse, mais quand le lieutenant l'ouvrit avec précaution, s'écoula entre les deux moitiés un filet de liquide bleu verdâtre qui fut absorbé dans l'herbe en une fraction de seconde. La nature avait équipé les Pies d'une glande à venin qui se vidait par le bec, de sorte que le moindre coup de cet appendice corné perçant l'épiderme de la victime était mortel.

Paol recula. Il se souvint de la constatation effectuée en premier lieu par Mainart, et qu'il avait pu par la suite confirmer par sa propre expérience : les Pies conversaient entre elles au moyen de sons articulés. Elles possédaient un langage, ce qui était l'un des principaux critères de l'intelligence.

Si tel était le cas, si les Pies étaient des êtres sapients, songea le lieutenant, c'étaient les créatures douées d'intelligence les plus laides qu'il ait jamais vues en face.

Alors qu'il restait là, sans parvenir à détacher son regard du cadavre étranger, il entendit soudain un bruit bizarre, une sorte de lamentation arrivant d'une direction difficile à déterminer, mais qui paraissait venir d'en haut. Levant les yeux, il nota que le sergent semblait lui aussi avoir perçu le son. Tête dressée, il écoutait attentivement dans l'axe de la légère brise qui soufflait dans la clairière.

— De l'autre côté du glisseur, chuchota-t-il sans bouger la tête.

Ils contournèrent le véhicule. Le bruit se répéta, sonnant plus que jamais comme une plainte. Pendant une seconde de confusion, Paol ressentit l'espoir complètement absurde qu'Ofar aurait pu revenir à la vie. Mais après qu'ils eurent fait le tour de l'appareil, le gémissement se fit à nouveau entendre, et cette fois ils l'ouïrent avec de netteté et d'assez près pour reconnaître que ce son ne pouvait avoir été émis par une gorge humaine. Cela ne venait pas non plus d'en haut. La masse du glisseur avait dévié les ondes sonores, engendrant cette illusion. Mainart suivit la direction de la source du bruit pendant que son officier restait sur place afin de ne pas causer de perturbation, pour finalement découvrir une Pie encore en vie et qui se tordait de douleur, allongée sur le dos au milieu des cadavres de ses congénères.

Paol se précipita près de la créature ailée, qui avait été

touchée à l'abdomen. Si, extérieurement, la brûlure était peu étendue, le tir avait certainement lésé des organes vitaux. De toute évidence, l'être souffrait atrocement, ce qui calma par empathie la colère sourde du lieutenant pour quelques minutes.

Lorsqu'il se pencha sur la Pie, celle-ci parut percevoir sa présence, et le regard de ses yeux scintillants se posa sur lui tandis que le geignement de douleur s'interrompait, remplacé par un son clair et chantant.

— Kiauii…

Ce bruit provenait, non pas du bec, mais de l'une des excroissances cartilagineuses qui semblait dotée d'une certaine mobilité. Paol fit un geste de la main à l'adresse de Mainart. Le sergent fut aussitôt à ses côtés.

— L'enregistreur ! souffla le lieutenant.

L'autre s'éloigna en toute hâte.

— Kiauii… répéta la bête agonisante en maintenant ses pupilles rivées sur le Terranien.

Mainart resurgit avec l'appareil demandé, qu'il posa au sol près de Paol. Les yeux de la créature étrangère suivirent ses mouvements.

— Ça tourne ! signala le sergent à mi-voix.

Comme si elle avait appréhendé le sens de l'avertissement, la Pie commença à parler. Elle s'exprimait d'une voix hachée, probablement à cause de la douleur, et certains mots ne sortaient de son orifice vocal que très faibles et à peine compréhensibles. Dans l'ensemble, toutefois, les sons étaient clairs et chantants et, bien que Haines ne saisît évidemment rien de cette suite de phonèmes, il détecta néanmoins que plusieurs groupes revenaient continuellement.

Quand le flot de paroles s'arrêta soudain, il avait perdu la notion du temps. Il vit le regard fixe et hypnotique se braquer de nouveau sur lui. Durant une fraction de seconde, les yeux miroitants s'exorbitèrent, puis l'étrange créature émit un râle, et son crâne roula sur le côté.

La première véritable rencontre entre les humains de la Terre et les Pies d'Homeside était terminée.

Paol se redressa lourdement avant de regagner le glisseur afin de reprendre contact avec le *Krest* et de rapporter les événements de la dernière heure écoulée. On l'enjoignit d'interrompre immédiatement les recherches et de revenir au vaisseau-mère. L'enregistrement linguistique devait être étudié aussi vite que possible.

Les dépouilles d'Ofar et Phillip furent récupérées, tandis que les cadavres des aviens restèrent là où ils étaient. Le désir des deux hommes de quitter au plus tôt le théâtre du carnage ne joua dans cette décision qu'un rôle secondaire ; la raison essentielle était le bon sens de l'astronaute qui évite de toucher aux morts d'une race étrangère tant qu'il n'est pas informé des tabous qu'il risque de violer.

Le vol de retour se déroula presque entièrement en pilotage automatique, l'itinéraire emprunté pour l'aller ayant été dûment mémorisé. Paol ne reprit les commandes que lorsque le véhicule eut laissé les collines derrière lui pour s'engager sur le plateau et, en fin de course, guider le glisseur jusqu'à l'intérieur du même sas duquel il était sorti plus de sept heures auparavant.

Il se rendit tout droit à la centrale de commandement afin d'y rendre compte de vive voix, pendant que Mainart veillait à ce que les deux morts fussent convenablement pris en charge et que l'enregistreur parvînt à destination avec ses précieuses informations.

Le major Lansbury se montra cette fois nettement plus communicatif que lors de leur rencontre précédente. Il insista pour que le lieutenant Haines non seulement lui expose la relation objective habituelle des événements, mais en plus lui décrive ses impressions et exprime son opinion. Cet entretien dura deux longues heures, au cours desquelles Lansbury eut la prévenance de faire servir une collation, assortie pour Paol de plusieurs verres d'une boisson revigorante.

La séance fut interrompue par l'arrivée d'un officier du laboratoire xénologique, que le major autorisa à entrer. Même s'il ne portait que le grade de lieutenant, l'homme affichait l'indéfectible assurance de l'expert. Il suffisait de le regarder pour comprendre qu'en ce qui le concernait, les résultats qu'il escomptait fournir étaient fermes et définitifs.

Lansbury lui accorda tout de suite la parole.

— La succession de sons enregistrés, Monsieur, commença le xénologue, contient en tout et pour tout quinze mots différents. Ces mots constituent une phrase, laquelle se répète sans cesse.

— Ce qui signifie ? se renseigna le major, quelque peu impatient.

— Que nous avons très peu de matériau sur lequel travailler, Monsieur, répliqua poliment le spécialiste. Heureusement que la langue des intelligences de Homeside…

— Les Pies, le coupa Lansbury.

Le lieutenant le gratifia d'un regard interrogateur.

— Notre corps expéditionnaire, expliqua le major, a baptisé « Pies » les autochtones. Ces créatures volent comme des oiseaux et ont manifesté une certaine tendance au chapardage.

Le xénologue sourit.

— Excellent choix, donc, assura-t-il. La langue des Pies appartient à la catégorie des idiomes à différenciation maximale. Autrement dit, les noms, adjectifs, pronoms, adverbes, verbes, *et cætera*, possèdent des flexions caractéristiques et sont très faciles à distinguer les uns des autres. Naturellement, un tel facteur simplifie énormément l'analyse d'un indiome étranger. Nous avons par conséquent réussi à déchiffrer assez finement la structure de ce langage pour être en mesure de traduire avec une grande vraisemblance la phrase répétée plusieurs fois par la créature mourante.

— Voilà qui me réjouit le cœur, commenta ironiquement Lansbury. Et qu'a-t-elle dit ?

Un rictus de mauvais aloi apparut durant une fraction de seconde sur le visage du lieutenant.

— La traduction exacte est : LE BIEN DE LA COMMUNAUTÉ PASSE AVANT TOUT. MOURIR EST UNE VERTU, SI LA MORT SERT L'INTÉRÊT GÉNÉRAL.

CHAPITRE II

On avait apparemment débouché sur une impasse.

À l'issue de tous ces efforts, les acquis pouvaient se compter sur les doigts d'une main. On avait appris que les Pies étaient intelligentes, mais sans être en mesure de déterminer leur niveau de sapience. On avait découvert avec certitude qu'elles étaient capables de placer leurs victimes en état de transe avant de les attaquer. Le rapport livré par Paol Haines au sujet de ses rêves éveillés, pendant la halte sur la plate-forme rocheuse ainsi que lors de l'étape dans la clairière, était explicite. D'ailleurs, Mainart lui aussi croyait se souvenir d'avoir été momentanément pris de vertige peu avant l'agression par la Pie isolée, et il affirmait avoir ressenti des impressions similaires à celles du lieutenant juste avant l'assaut dans la forêt. Il était permis de présumer que Dunko Tames et Ovidio Gonzales avaient également été victimes de cette emprise avant le meurtre de l'un et l'enlèvement de l'autre.

En outre, il semblait quasiment certain que les Pies avaient quelque chose à voir avec les énigmatiques signaux qui avaient été captés par deux fois. Cependant, toute déduction concernant tant la nature que la signification de ces séries d'impulsions restait jusqu'à plus ample informé pure spéculation.

Pour Perry Rhodan et ses collaborateurs les plus proches, ces incidents étaient extrêmement malvenus. Le Stellarque était au courant – d'autant plus qu'il la ressentait lui-même – de l'impatience de l'équipage et de son irrépressible pulsion d'achever le plus rapidement possible les ultimes préparatifs afin d'entreprendre au plus tôt le voyage de retour vers la Voie Lactée. L'installation des deux convertisseurs dans les vaisseaux halutiens, et plus encore le réaménagement provisoire de ces derniers en transports de troupes, exigeaient le maximum de la part de chaque homme et de chaque robot. L'affectation d'unités de choc et de sentinelles à la protection du camp avait pour principale conséquence un ralentissement des travaux.

Le Premier Terranien était toutefois conscient de ses responsabilités, et pas une seule seconde il n'avait envisagé de les négliger, même marginalement. La sécurité de ses gens et la récupération du disparu faisaient partie de son fardeau, et il l'assumerait intégralement, et ce même si l'immense majorité de l'équipage était convaincue que rentrer un peu plus vite à la maison valait bien de prendre quelques risques.

Non que Perry Rhodan ait eu une quelconque objection vis-à-vis de ce raisonnement. Simplement, au vu des connaissances récemment glanées, il était impossible de procéder à une évaluation du danger tant qu'on n'en savait pas davantage au sujet des Pies.

Quand le soleil jaune orangé recommença à s'élever dans le ciel, une troupe mixte de soldats et de robots partit à bord de glisseurs afin de dénicher une bonne fois le repaire des créatures volantes et entamer des négociations avec elles – ou, à défaut, éliminer la menace.

Lorsque la compagnie de dix-neuf véhicules s'éloigna du *Krest* en direction du nord-est, l'horloge de bord indiquait 5 h 00, le 5 septembre 2436. Pourtant, à peine les appareils avaient-ils disparu dans les collines au-delà du plateau qu'ils furent rappelés en urgence.

Vers 5 h 10, un essaim de Pies avait surgi pour déposer à la limite septentrionale du camp le technicien Ovidio Gonzales, presque paralysé par la peur – mais vivant.

*
* *

Si le rapport du rescapé s'avéra confus, il fut néanmoins relativement aisé d'établir les grandes lignes de son odyssée.

Gonzales avait été hypnotisé par une Pie, et il y avait un trou de quelques heures dans ses souvenirs. Il n'était toutefois pas impossible que plusieurs créatures ailées aient prêté main-forte à la première pour l'emmener ensemble jusqu'à l'endroit où il avait récupéré ses esprits. Il décrivit ce lieu comme une cuvette fermée et obscure, encerclée par des falaises abruptes. Les indigènes vivaient à l'intérieur de grottes peu profondes dont les entrées s'ouvraient dans les parois rocheuses presque verticales. La dépression proprement dite paraissait être leur cité. Le technicien avait séjourné dans une des cavernes et, tant que le soleil avait été suffisamment haut dans le ciel, avait disposé dans une certaine mesure d'une vue dégagée. Il estimait le nombre de Pies résidant sur ce site à trois ou quatre mille. Il y avait eu de courtes périodes pendant lesquelles il ne voyait pas l'ombre d'un être vivant, et d'autres moments où l'espace aérien du village grouillait littéralement d'aviens affairés en tous sens. Il avait ainsi assisté à l'envol d'une formation d'environ cent Pies ; il s'en souvenait tout particulièrement, étonné qu'il avait été par la coordination presque militaire avec laquelle s'était effectuée cette sortie, en contraste violent avec la pagaille habituelle des étrangers. Il s'agissait selon toute vraisemblance du départ du groupe par lequel le commando de Paol Haines avait été attaqué en fin de soirée. Gonzales n'avait malheureusement pas été témoin du retour des survivants : d'après ses propres termes, il s'était endormi d'épuisement. Plus tard, il avait été réveillé et emporté par quatre Pies. Maintenu par leurs bras préhensiles, il avait survolé montagnes et vallées avant d'être enfin déposé en bordure du camp.

Il était tout le temps resté seul et n'avait pas la plus petite idée de ce que les créatures volantes avaient initialement projeté en le capturant. Au moment de son enlèvement, il était sans armes, et comme il avait clairement en tête le souvenir du destin de Dunko Tames, il avait vécu en permanence dans l'angoisse de la mort. Il assura cependant qu'en dehors du fait que la grotte sentait extrêmement mauvais, il n'avait pas lieu de se plaindre des conditions de son séjour.

Les quatre Pies qui avaient ramené Ovidio Gonzales étaient reparties sur-le-champ. Perry Rhodan, indécis quant à l'interprétation à donner au geste des aviens, décida de ne négliger aucune précaution et renvoya en direction du nord-est la moitié du contingent qui était dans l'intervalle rentré conformément aux instructions, afin qu'il localise la cuvette et le « village » des créatures ailées. La description fournie par Gonzales devait en principe rendre la chose aisée. La mission de la troupe de choc consistait à occuper ostensiblement la bordure supérieure et à garder à l'œil l'ensemble des allées et venues à l'intérieur de la cité rupestre. La présence d'étrangers en nombre convaincrait les Pies qu'au cas où elles se risqueraient à une nouvelle agression contre les Terraniens, ceux-ci étaient en mesure de réitérer le désastre de la veille avec une efficacité mortelle renforcée.

La compagnie annonça peu après 8 h 00 avoir déniché le site et avoir pris les positions prescrites, ce qui semblait avoir provoqué parmi les aviens une émotion considérable. Vers 8 h 30, cependant, l'effervescence s'était calmée et l'activité locale paraissait avoir repris son train-train habituel. Assertion qui fut toutefois remise en question une quarantaine de minutes plus tard, lorsque le commandant de la troupe signala que l'ensemble du trafic aérien s'était brusquement interrompu et que toutes les créatures volantes s'étaient retirées dans leurs appartements à flanc de falaise. Le message suivant, peu avant dix heures, fut une alerte : une immense nuée de Pies, forte d'au moins trois mille individus, avait quitté la vallée en formation ordonnée pour s'envoler dans la direction du sud-ouest – c'est-à-dire vers la base terranienne.

Perry Rhodan prit les devants : toutes les batteries du *Krest* utilisables en combat rapproché furent braquées vers le nord-est. Sauf dans l'hypothèse improbable où les Pies disposeraient d'une arme présentant un danger pour les servants des pièces d'artillerie, elles n'avaient aucun moyen de franchir le périmètre défensif du camp. La puissance de feu qui les attendait pour le cas où elles feraient clairement montre d'intentions hostiles aurait été suffisante pour anéantir une flotte de dix mille missiles à tête chercheuse. Les aviens, qui étaient évidemment moins véloces que des projectiles autoguidés, n'auraient pas la moindre chance d'y survivre.

Et alors, au moment où tout le monde s'était préparé à affronter l'inéluctable avec une ferme détermination, le miracle se produisit.

Les Pies surgirent à l'horizon nord-est en un gigantesque essaim qui obscurcit le soleil. Dans une formation impeccable, elles s'approchèrent du camp tout en perdant régulièrement de l'altitude – pour enfin se poser au sol loin au-delà du périmètre. Seul un détachement de cinq créatures continua son vol jusqu'à hauteur de la ligne de démarcation imaginaire. À partir de ce point, l'escadrille amorça une large courbe à cinquante mètres à peine de la surface du terrain, et lorsqu'elle eut atteint son éloignement minimal du majestueux ultracroiseur, elle lâcha une cascade de petits objets. Après quoi, elle poursuivit son demi-tour pour repartir vers le reste des troupes ailées et atterrir parmi leurs congénères.

Le peloton d'hommes qui se dirigea prudemment vers le lieu du largage trouva tout d'abord un radiant d'origine terranienne – probablement l'arme qui avait été arrachée au caporal Ofar –, puis une série d'articles de fabrication étrangère que Tschu Piao-Teh, le psychologue en chef du *Krest*, identifia comme des gages de paix.

La stupéfaction générale ne s'était pas encore dissipée quand les aviens, s'agitant en cadence, entonnèrent une mélopée qui, de légère dans un premier temps, s'enfla progressivement pour envahir tout le camp dans un puissant vibrato. Les paroles du chant rythmique se répétaient sans cesse, et le laboratoire xénologique n'eut besoin que de quelques minutes pour en déchiffrer le contenu sémantique. Cela commençait mot pour mot par ce qu'avait chuchoté la Pie mourante dans la clairière :

— *Le bien de la communauté passe avant tout.*

Par contre, la fin était une variation de ce que l'on connaissait déjà :

S'allier avec la mort est une vertu, si cet accord sert l'intérêt général.

L'offre était limpide, et Perry Rhodan n'hésita pas à y répondre. Une batterie de phonoprojecteurs répéta fidèlement l'annonce des créatures volantes. L'installation, alimentée par les générateurs du *Krest*, développait un volume sonore qui couvrit sans peine le chant des Pies.

Sur Homeside, la paix paraissait avoir remporté la partie.

*
* *

Dans certains esprits, cependant, la méfiance restait de mise. Les mutants, notamment, appartenaient à cette catégorie de gens qui persistèrent à éprouver des doutes longtemps après cet échange de témoignages de pacifisme.

Un bon moment déjà avant l'atterrissage, L'Émir, le mulot-castor, avait entrepris de scruter l'éther à la recherche d'impulsions mentales caractéristiques d'êtres intelligents. Tous ses efforts s'étaient avérés vains, et l'absence tant d'ondes psychiques que de toute trace d'agglomération à la surface de Homeside avait incité à conclure que cette planète n'abritait aucune forme de vie sapiente.

Il y avait essentiellement deux points qui continuaient à gêner L'Ilt aux entournures. Premièrement, l'idée de devoir admettre que les Pies l'avaient abusé le rendait malade. Et deuxièmement, il n'était pas certain que cet échec puisse être expliqué au moyen des règles généralement admises de la psychophysique. Peut-être les aviens étaient-ils sincères avec leur offre de paix, peut-être ne l'étaient-ils pas – et aucun télépathe n'était capable de lire leurs pensées. Pire encore, personne n'était en mesure d'affirmer qu'ils *pensaient* tout court.

Les doutes du mulot-castor furent rapportés à Perry Rhodan, qui convint avec l'Ilt que cette spécificité mentale inhabituelle des Pies devait être considérée avec le plus grand sérieux. Quelqu'un émit l'hypothèse que les aviens pourraient bien n'être que des robots, mais Paol Haines, durant son expédition vers l'intérieur des jungles du nord-est et tout particulièrement au cours du combat dans la clairière, avait effectué des observations prouvant incontestablement que ces créatures étaient à au moins quatre-vingt-quinze pour cent de nature organique. Ceci, à nouveau, n'excluait pas l'éventualité que leur cerveau soit, lui, inorganique et, comme il semblait qu'en apprendre davantage sur ce sujet était d'une importance capitale, on décida d'intensifier aussi vite que possible le contact avec les Pies – qui attendaient toujours près de la lisière nord du camp.

Les « gages de paix » jetés par les aviens offraient un point de départ adéquat pour une mission de renseignements. Les objets n'avaient jusqu'ici été identifiés qu'avec une forte marge d'incertitude. Il s'agissait à première vue d'ustensiles d'usage courant, destinés à la vie de tous les jours. Certains ressemblaient à des cuillères, d'autres étaient d'une structure assez complexe et paraissaient réservés au broyage de substances sèches pas trop dures. Tous les articles sans exception étaient d'une facture soignée et irréprochable, ce qui prouvait que les Pies étaient des artisans accomplis.

Il fut décrété que ces dons devaient recevoir une contrepartie. Suivant en cela les habitudes des siècles précédents, les cadeaux destinés aux créatures volantes se constituèrent d'un assortiment de couteaux, miroirs et verroterie multicolore. Si les lames étaient disponibles, une quantité adéquate de surfaces réfléchissantes et autres babioles furent fabriquées en toute hâte par le laboratoire chimiotechnologique.

Le choix de l'homme qui serait chargé de remettre les présents s'avéra très facile. Un seul officier avait l'expérience du contact avec les Pies :

Le lieutenant Paol Haines.

*
* *

Il y avait longtemps que le chant des aviens s'était tu. Depuis qu'avait résonné la réponse des Terraniens, les milliers de silhouettes au pelage gris attendaient en silence, immobiles. Elles ne bougèrent pas davantage lorsque le glisseur de Paol Haines se dirigea vers elles, planant à petite vitesse et en rase-mottes, bien qu'au moins deux douzaines d'entre elles eussent depuis l'affrontement dans la clairière un souvenir amer d'un tel véhicule.

L'officier n'était pas seul : sur sa demande, le sergent Mainart lui avait été adjoint. Ce dernier veillait à ce que le haut-parleur fixé sur le toit de l'engin répétât en continu la phrase clé de la déclaration de paix dans la langue des Pies.

Vue de loin, la foule des aviens paraissait homogène et d'un seul tenant. Toutefois, parvenu à cinq cents mètres, Paol remarqua qu'un clan semblait s'être isolé des autres pour se positionner sensiblement plus près de la limite du camp. Après s'être fait confirmer cette observation par Mainart, il présuma que les Pies appartenant à ce groupe devaient être leurs chefs ou leurs ambassadeurs. Ce fut donc vers ceux-ci qu'il se dirigea.

Son hypothèse se révéla exacte. Le petit détachement se composait d'une douzaine d'aviens qui s'étaient disposés en cercle autour d'un de leurs congénères à la stature imposante. Debout sur son pied en forme de soucoupe, ce personnage se dressait à près de deux mètres de hauteur. Arrivés à proximité, les deux humains notèrent que la créature portait autour du cou une chaîne scintillante à laquelle pendait une sorte d'amulette. Cet objet, qui constituait sans aucun doute l'insigne de sa dignité, était le premier bijou de fabrication indigène que voyait un Terranien.

Paol immobilisa prudemment le glisseur à dix mètres de la Pie la plus proche avant de descendre avec Mainart. Pendant que le sergent déchargeait l'enregistreur et l'installait sur une petite table, le lieutenant s'arma d'un diffuseur portable contenant un message prémémorisé et s'avança de quelques pas. L'ambiance était d'un silence mortel. Loin derrière, à l'intérieur du camp, tout le monde était conscient qu'un nouvel instant critique était imminent : l'établissement du premier véritable contact mutuel avec une nouvelle race étrangère. Débarquement et préparation de l'équipement prirent une minute entière.

Les Pies suivirent la progression de Paol sans broncher. La fixité du regard de leurs yeux scintillants mit le Terranien mal à l'aise. Sans qu'il en eût conscience, sa main droite se rapprocha de son ceinturon, et plus précisément de l'emplacement où était rangé son radiant. Il s'arrêta à trois mètres du premier avien avant d'effectuer un geste prudent vers l'appareil qu'il portait de la main gauche.

Puis il l'alluma.

La machine commença à parler, articulant une phrase que les xénologues avaient composée à partir de ce qu'ils avaient acquis comme connaissance de la langue étrangère et du faible vocabulaire disponible. Cette phrase disait :

S'allier sert l'intérêt général.

Il laissa le diffuseur répéter dix fois l'annonce avant de l'éteindre. Le moment crucial était venu. La réaction des Pies allait décider de la réussite ou de l'échec de cette tentative.

Une minute s'écoula sans que les aviens bougent. Les treize individus demeuraient rigides comme des statues, leurs yeux étincelants aussi fixes que s'il s'était agi de véritables boutons cousus sur des peluches géantes. Paol était à deux doigts de remettre le diffuseur en marche afin de faire entendre à nouveau le message, quand une agitation naquit soudain. Le cercle des Pies s'ouvrit et la grande créature à l'amulette se dirigea vers l'officier, qui s'empressa de déposer au sol l'appareil qu'il tenait en main : il se sentait plus en sécurité en étant libre de ses mouvements.

Par contractions et extensions successives de son pied rond, le dignitaire chenilla avec une rapidité et une dignité surprenantes pour s'arrêter à moins de deux mètres de l'humain.

L'une des excroissances cartilagineuses, située au milieu de la partie antérieure du crâne, commença à remuer. Une suite de sons devint perceptible et Paol, qui connaissait le message qu'il avait lui-même diffusé sinon par le texte, du moins par sa séquence sonore, comprit que l'être répétait ledit message mot pour mot.

Il respira avant de pivoter à moitié pour faire un signe à l'intention de Mainart, qui remonta dans le glisseur afin de transmettre l'information au *Krest*.

Les pourparlers de paix avaient débuté.

*
* *

À l'intérieur de la base, le travail se poursuivait. Pour la majorité des hommes en train de transpirer à grosses gouttes sous le soleil ardent, les différents avis qui circulaient au sujet du problème des Pies n'étaient qu'un épiphénomène ; comparativement au projet en cours consistant à équiper les deux navires halutiens en vue d'un voyage de trente-deux millions d'années-lumière afin de regagner la Galaxie-patrie à leur bord, l'affaire des aviens était un incident marginal. Selon l'opinion qui prévalait actuellement, les deux astronautes que Perry Rhodan avait envoyés parlementer avec les Pies se seraient rendus beaucoup plus utiles en aidant au transport des deux convertisseurs paratroniques. Étant donné que le danger semblait pour le moment écarté et que les préparatifs de départ seraient bientôt achevés, les créatures ailées seraient de toute manière oubliées aussitôt que les vaisseaux auraient laissé derrière eux la surface de Homeside.

Ce fut seulement plus tard que les tenants de ce point de vue apprirent qu'ils étaient dans l'erreur.

Entre-temps, l'installation des paratrons avait commencé. Les convertisseurs transdimensionnels, qui avaient été assemblés en suivant les spécifications des Halutiens, possédaient exactement le même encombrement que les appareils qu'ils devaient remplacer, mis définitivement hors d'usage au moment de l'émersion en plein milieu de la sphère d'influence des Constructeurs du Centre.

L'emplacement de ces dispositifs était au cœur des nefs sphériques. Afin de permettre l'extraction des anciens générateurs et l'insertion des exemplaires neufs, un puits circulaire menait de la salle des machines à la coupole polaire supérieure du navire, aménagement qui suscita temporairement quelques difficultés, vu que le *Krest* n'était équipé d'aucun outillage mécanique assez puissant pour soulever un convertisseur paratronique depuis le sol jusqu'au-dessus d'un vaisseau halutien.

Le problème venait directement des caractéristiques matérielles des volumes à déplacer. Chaque convertisseur avait la forme d'un cylindre mesurant vingt-deux mètres de haut pour un diamètre de vingt mètres, avec une face supérieure légèrement convexe. La partie visible, c'est-à-dire les parois externes, était constituée de métal densifié, tandis que l'intérieur abritait non seulement le dispositif générateur du champ paratronique, mais également une alimentation énergétique intégrée : sur ce plan, le transdim était autonome et ne dépendait donc pas des installations du vaisseau. Quant à la nature de la source d'énergie, il s'agissait soit d'une pile à fusion nucléaire, soit d'un appareillage basé sur le principe de Schwarzschild. Lequel de ces deux systèmes avait été mis en œuvre ici était une question à laquelle les scientifiques terraniens auraient donné cher pour connaître la réponse. Malheureusement, seule l'activité du convertisseur proprement dit était évaluable de l'extérieur et, en dépit de l'étroite solidarité entre Terraniens et Halutiens, ces derniers n'avaient aucune intention de divulguer leurs secrets. Toutes les tentatives visant à déterminer le mode de production énergétique de ces engins ne dépassèrent donc pas le stade des conjectures. Nonobstant cela, la seule idée d'avoir sous les yeux un générateur fonctionnant selon le principe de Schwarzschild était source d'une formidable excitation parmi les experts du *Krest*.

Toujours était-il que chaque transdim renfermait une quantité considérable de combustible, au point d'afficher, pour un volume de presque sept mille mètres cubes, une densité spécifique moyenne d'à peu près cent grammes par centimètre cube, soit une masse totale frisant les trois quarts de million de tonnes. Ce dont plus d'un savant concluait que la seule explication logique était la présence là-dedans d'un micro-trou noir.

Ils appuyaient leurs dires en rappelant que les convertisseurs transdimensionnels dont la tentative de récupération sur Molak III avait échoué à cause de l'intervention des Dumfries – et qui n'étaient en fait que des paratrons isolés – avaient une masse spécifique dix fois moindre. Après cet échec, au demeurant, les Halutiens avaient souligné l'énorme travail que cela leur aurait occasionné d'essayer de remplacer ces noyaux seuls, et en outre sans garantie de réussite, certaines caractéristiques techniques pouvant être source d'incompatibilités.

Rhodan et Atlan s'étaient d'ailleurs interrogés sur les motivations des Mooghs à produire ces dispositifs, puisqu'en raison de la Radiance Bleue ils étaient de toute manière inutilisables à l'intérieur de M 87. Une des explications les plus vraisemblables était que les Bestians, après avoir reconquis la Grande Nébuleuse et en avoir anéanti toutes les autres formes de vie intelligente, projetaient de s'attaquer à d'autres univers-îles. Peut-être la destruction de Dusty Queen avait-elle sauvé la Voie Lactée…

Bref, aucun appareil de levage mécanique n'étant capable de soulever pareil poids, les services techniques du *Krest* s'étaient préparés à procéder à l'extraction des paratrons grillés et à l'insertion de leurs remplaçants à l'aide de rayons tracteurs. Il avait certes un moment été envisagé d'accomplir cet échange dans l'espace, mais cela aurait en contrepartie sérieusement compliqué la réalisation simultanée des travaux d'aménagement intérieurs et probablement mené à un délai total plus important – sans compter la privation des bienfaits d'un séjour à la surface d'une planète pour le moral de l'équipage.

Équipage dont la majorité des membres, ayant pour principale qualification une certaine habileté manuelle associée à la capacité d'utiliser convenablement des outillages variés, étaient justement affairés à agencer des ponts supplémentaires à bord des vaisseaux des Halutiens. Malgré leur diamètre de cent trente mètres, ces unités étaient relativement petites, car conçues pour accueillir un équipage ne dépassant pas cinq personnes : l'essentiel de leur volume intérieur était accaparé par les blocs-propulsion, générateurs et autres appareillages techniques. L'espace restant à la disposition des occupants était extrêmement réduit et, pour permettre l'embarquement de près de deux mille cinq cents êtres humains dans chaque navire, il fallait tirer parti du moindre centimètre cube inutilisé, au point que les ponts provisoires ne laissaient entre eux qu'un intervalle inférieur à un mètre. Les hommes et femmes du *Krest* effectueraient donc la majeure partie du voyage de trente-deux millions d'années-lumière en position allongée. C'était le seul moyen. Ce déplacement serait à la fois le plus long et le plus inconfortable trajet jamais entrepris par l'équipage d'un vaisseau terranien, mais nul ne perdit ne serait-ce qu'une seconde pour s'inquiéter de cela. La volonté de retour prédominait largement sur le souci des conditions dans lesquelles elle serait satisfaite.

L'installation des planchers intercalaires et le remplacement des deux unités paratroniques se poursuivit tout au long de la nuit. Au milieu de la matinée du 6 septembre, les deux convertisseurs transdimensionnels étaient en place, fermement immobilisés par leurs propres champs de force. Sous la direction des Halutiens furent alors entamés les travaux de raccordement vers les systèmes de pilotage et de navigation du poste central.

La pose des ponts intermédiaires approchait également de la fin. Le matériau principalement utilisé était à base de minéraux de toutes sortes, simplement broyés et agglomérés sous vide à l'aide d'une substance sirupeuse. Il suffisait alors d'injecter de l'oxygène pour que cette colle durcisse très rapidement en acquérant d'étonnantes propriétés mécaniques, et notamment une formidable résistance à la torsion, si bien qu'une plaque de dix mètres de long pour seulement deux centimètres d'épaisseur et uniquement maintenue par ses extrémités supportait allègrement le poids de tous les hommes qui parvenaient à y prendre place. Aussi le travail consistait-il tout bêtement à poser ces panneaux directement entre les parois des locaux à aménager, leur assujettissement aux cloisons s'effectuant carrément par collage avec le même produit.

Après un rapide point d'avancement réalisé à 10 h 00, temps standard, il fut estimé que le départ des trois vaisseaux pourrait avoir lieu le lendemain vers midi. Lorsque l'on annonça cette prévision à l'équipage, leur joie ne connut plus de bornes.

Entre-temps et en un autre lieu, cinq xénologues et deux non-spécialistes avaient continué leur tâche avec un empressement tel qu'on aurait pu croire le problème majeur à résoudre comme étant l'énigme de Homeside, non qu'il surpassât en importance le fait que l'on s'apprêtait à commencer le voyage de retour vers la Voie Lactée par le chemin le plus court, mais en vérité plutôt parce qu'il en était totalement indépendant. D'ailleurs, les sept hommes étaient à ce point absorbés depuis plusieurs heures par cette activité que l'objectif poursuivi par plusieurs milliers de leurs compagnons de l'autre côté de la coque du *Krest* n'était plus dans leur esprit qu'un vague souvenir.

Ils étaient arrivés au bout de leur labeur quelques minutes à peine avant que Perry Rhodan n'annonce à tout l'équipage que le départ aurait lieu vingt-six heures plus tard. Grâce aux enregistrements effectués par Paol Haines et le sergent Mainart, la langue des Pies avait été déchiffrée – à l'exception de quelques points de détail encore obscurs. Et un traducteur automatique, chargé avec ces données, était à présent en mesure de transcrire dans l'idiome de Homeside les mots et phrases prononcés en intergalacte via un traitement par sa positronique interne.

Dans l'intervalle, un changement était survenu au sein du groupe des aviens installés non loin de la bordure septentrionale du camp : à la fin de la nuit, la plupart d'entre eux s'étaient envolés pour, battant lourdement l'air de leurs vastes ailes, s'éloigner en direction du nord-est dans la clarté rougeâtre de l'aube. On supposa qu'ils étaient retournés dans leur village rupestre, chargés des cadeaux que le lieutenant Haines avait remis au « roi » des Pies, le porteur d'amulette. Celui-ci était resté sur place en compagnie d'une cour constituée de moins d'une centaine de créatures volantes. Avant de regagner le *Krest* avec Mainart, Paol avait essayé par gestes de faire comprendre au souverain des êtres au long bec qu'il allait revenir. Apparemment, le message était passé.

« Roi » était la traduction d'un mot indigène qui sonnait à l'oreille comme « Niiahu ». Ce que recouvrait réellement ce concept, ainsi que quelques autres termes, n'était pas encore clairement explicité ; toutefois un « Niiahu » paraissait être un individu disposant d'un pouvoir absolu sur un groupe d'autres personnes, ce qui ressemblait fortement à la notion terrestre d'un monarque. Le nom du roi était Imrrhi, la double syllabe étant un privilège de son rang : les Pies de basse naissance n'avaient droit qu'à des noms monosyllabiques.

Imrrhi avait parlé pendant une heure ou à peu près, livrant ainsi une quantité de matériau sémantique suffisant pour un décodage presque intégral de sa langue. Le contenu de son allocution demeurait néanmoins brumeux et abstrus en de nombreux points, comme s'il n'avait pas vraiment eu l'intention de prononcer un discours cohérent, mais seulement de formuler autant de mots que possible afin d'aider les étrangers à apprendre son idiome. Du moins était-ce l'explication de Paol. Les xénologues, quant à eux, étaient plutôt d'avis qu'Imrrhi et ses congénères étant des créatures extrêmement primitives, comprendre la raison pour laquelle il lui avait été demandé de parler était forcément au-delà de son entendement.

Le sujet de son monologue d'une heure avait porté sur la cuvette à l'intérieur de laquelle se trouvait le village des Pies et sur le fait que les aviens habitaient là depuis le début des temps. Il avait évoqué les « appels de Ceux-qui-planent-au-dessus-de-nous », affirmant que ces ordres devaient toujours être exécutés, et sans délai. Il sembla vouloir expliquer ce que recouvrait, pour les créatures ailées, la notion de « Ceux-qui-planent-au-dessus-de-nous » ; mais alors qu'il était encore occupé à éclaircir la signification de la chose, il passa sans transition à un autre sujet et entreprit de décrire, vue par les yeux des Pies, l'arrivée des trois vaisseaux spatiaux puis comment elles s'étaient préparées à chasser ou à détruire l'ennemi présumé.

La particularité de son discours était qu'il paraissait utiliser la combinaison de mots « Ceux-qui-planent-au-dessus-de-nous » comme un nom propre, ce que montrait sans ambiguïté la flexion du groupe sémantique. Dans la langue des aviens, cette expression se prononçait *Kii-jieuh-rrhaal*, laissant clairement entendre en dépit de sa traduction littérale qu'il s'agissait là d'une désignation pour les

« dieux » ou les « démons ». Les xénologues prirent note de ce que les Pies possédaient une croyance en des êtres surnaturels qu'ils appelaient *Kii-jieuh-rrhaal*, et transcrivirent ces hypothétiques sujets de la religion indigène en utilisant une abréviation du nom entier, soit *Rrhaal*.

L'annonce de la date du grand départ sortit Paol des profondeurs de sa concentration intellectuelle, tout en lui causant simultanément une légère déception. Il avait commencé à se considérer lui-même comme étant le premier responsable de l'extension du contact avec les Pies, et il s'était imprégné de la conviction qu'il n'existait au monde rien de plus important que la tâche d'en apprendre davantage sur cette race mystérieuse. Or, comparativement à l'exigence pressante des autres de retourner le plus vite possible dans la Galaxie-patrie, sa propre requête n'avait aucune chance d'aboutir. Nul ne tenait à séjourner sur Homeside ne serait-ce qu'une seconde plus longtemps qu'il n'était absolument indispensable.

S'il voulait réussir à découvrir encore quelques secrets des aviens, il avait intérêt à s'activer.

*
* *

Imrrhi, le roi, l'attendait. Paol arriva avec des présents que Mainart étala au pied du monarque, lequel les examina en émettant un son que le translateur traduisit comme étant l'équivalent de « merveilleux ».

Pendant que la suite du souverain ramassait les cadeaux, l'officier se mit à l'ouvrage.

— Je maîtrise ta langue, Imrrhi, prononça-t-il dans l'appareil. Cette machine convertit mes mots afin que tu les comprennes, et inversement il transmet tes paroles dans un langage que je connais. Comprends-tu ?

Braquant son regard scintillant vers l'objet parallélépipédique que le Terranien avait posé par terre juste devant lui, le grand avien répondit.

— Je comprends, résonna le translateur. Cela semble

miraculeux, mais les créatures de ta race paraissent manipuler les miracles aussi facilement que Ceux-qui-planent-au-dessus-de-nous.

Paol ne s'était pas attendu à ce qu'une opportunité se présentât aussi spontanément.

— Qui sont-ils ? enchaîna-t-il aussitôt. Ceux-qui-planent-au-dessus-de-vous ?

Les traits d'Imrrhi restèrent inexpressifs. Il n'esquissa pas le moindre geste, et pourtant sa réponse était nettement empreinte d'une certaine surprise.

— Comment le saurais-je ? Ceux-qui-planent-au-dessus-de-nous demeurent dans le Grand Vide. Étant donné que nous n'avons pas nous-mêmes la capacité de vivre là-haut, comment aurions-nous jamais eu l'occasion de les contempler en face ?

— Comment pouvez-vous être certains qu'ils existent ?

— Nous… le savons, fut la réplique hésitante du roi.

Paol tenta une nouvelle approche. Si les questions directes ne suscitaient pas d'explication satisfaisante, il n'avait plus qu'à tirer les vers du nez de son interlocuteur.

— Ils vous parlent ?

Au lieu de préciser quoi que ce soit, Imrrhi étendit son aile droite, produisant un claquement sec. À la suite de quoi une Pie sortit de l'aréopage pour se rapprocher. D'apparence plutôt jeune, du moins aux yeux du lieutenant, la créature était plus grande que la majorité de ses congénères – environ un mètre soixante-dix-huit –, mais demeurait petite en comparaison de l'imposante stature de son souverain.

Le nouveau venu s'adressa immédiatement au Terranien.

— Le roi aimerait beaucoup répondre à tes questions, étranger. Hélas, il a d'autres obligations réclamant son attention sans tarder. Si tu acceptes de te contenter de moi, je suis tout disposé à étancher ta soif de connaissances.

La scène qui s'était juste déroulée avait éveillé la

méfiance de Paol. Il se sentait dans la peau de quelqu'un qui avait posé une question épineuse à son interlocuteur, lequel, craignant de ne pouvoir s'en tirer avec suffisamment d'habileté, avait préféré se faire remplacer par un meilleur dialecticien. Était-ce le cas ? Les Rrhaal étaient-ils tout simplement, pour les Pies, un sujet tabou ?

— Je te remercie, acquiesça l'officier. Si ma curiosité vous embarrasse…

— Il n'en est rien, l'interrompit l'autre. Je répondrai à toutes les questions. Mon nom est Illht. Je suis l'un des conseillers du roi.

Paol déclina également son nom. Le translateur, l'adaptant aux organes de phonation des Pies, produisit un son qui ressemblait à « Paeuul » – avec une diphtongue, mais monosyllabique selon les règles de la langue avienne, car le programme de l'appareil contenait les données acquises au sujet des spécificités des dénominations indigènes et le Terranien n'avait aucune intention de se présenter comme l'un des grands de sa race.

Il répéta la question précédemment posée à Imrrhi.

— Comment êtes-vous certains de l'existence de Ceux-qui-planent-au-dessus-de-vous ?

Entre-temps, le porteur d'amulette s'était éloigné. Apercevant l'imposante silhouette qui se déplaçait de-ci, de-là sans but précis, le lieutenant Haines pigea que ce personnage n'avait en réalité rien de plus important à s'occuper. Il avait simplement voulu échapper aux interrogations auxquelles il ne se sentait pas en mesure de répondre avec la réserve nécessaire.

— Ils nous parlent, affirma Illht en employant les termes exacts que Paol avait utilisés pour suggérer une réponse à Imrrhi. Ils sont puissants, et si nous n'obéissons pas à leurs ordres, ils nous manifestent leur colère.

— De quelle manière ? se renseigna l'humain.

— Ils tuent quelques-uns d'entre nous.

— Comment ?

La demande troubla l'avien. Ceux qui avaient déclenché

le courroux des Rrhaal s'effondraient, tout simplement, et il était impossible de les ramener à la vie. Pour le conseiller, il paraissait incompréhensible que quelqu'un voulût recueillir des indications sur le mécanisme employé pour obtenir un tel résultat. L'officier comprit qu'il n'arriverait à rien en persistant sur cette voie.

— Est-ce que vous leur répondez ? s'enquit-il.

— En agissant, expliqua Illht. Nous leur répondons en exécutant leurs instructions.

— Quelle était la dernière directive que vous avez reçue d'eux ?

L'autre hésita une seconde.

— Cela remonte à trop longtemps pour que je puisse m'en souvenir, affirma-t-il.

Aucune expression n'avait traversé son faciès, et si l'intonation de sa voix s'était subtilement modifiée, ce détail s'était perdu lors de la traduction opérée par la machine. Paol était incapable de déterminer si son interlocuteur lui avait menti ou pas.

— L'obéissance à leurs ordres est-elle l'unique moyen de réponse dont vous disposez ? interrogea-t-il en reprenant le fil principal de sa quête de savoir.

— Non. Nous chantons, aussi.

— Vous chantez… répéta le Terranien sans vraiment saisir.

Le translateur ayant traduit sa remarque telle qu'elle avait été énoncée – c'est-à-dire comme une constatation, la créature volante ne se sentit pas obligée d'expliciter ses dires.

— S'il vous plaît, décrivez-moi comment vous chantez, insista le lieutenant.

— Nous nous rassemblons dans une grande caverne et nous commençons à chanter. Imrrhi chante en premier. Nous l'accompagnons. Nous chantons ce que Ceux-qui-planent-au-dessus-de-nous doivent entendre.

Mille questions se bousculèrent sur la langue de Paol. Il voulait apprendre comment les Rrhaal, qui d'après la description d'Imrrhi vivaient si loin d'ici que nul ne les avait jamais vus de ses yeux, pouvaient percevoir les chants. Il voulait savoir ce que psalmodiaient les Pies, et qui décidait qu'elles devaient se réunir pour chanter. Mais il sentait qu'Illht ne lui fournirait pas les réponses. Une partie de ses demandes dépassait l'entendement de l'avien, et le reste se rapportait aux rites religieux sur lesquels il s'était déjà heurté à un refus.

Il se rabattit donc sur un autre sujet, espérant encore obtenir par des voies détournées d'autres révélations sur le thème qui l'intéressait au plus haut point.

— Combien de créatures de votre race vivent sur ce monde ? voulut-il savoir.

— Environ quatre mille deux cents, l'informa l'être ailé.

— Dans votre village, compléta l'humain. Ce n'est pas ce que je voulais dire. Sur toute la planète. Avec les autres villages.

— Notre village est unique, assura Illht. Il n'y a pas d'autres représentants de notre peuple.

Paol trouva cette réponse incroyable. Il considéra un instant la possibilité que les Pies, ne disposant pas de moyen de transport autre que leurs ailes et n'effectuant donc que des trajets limités, n'aient pas voyagé assez loin pour avoir connaissance d'autres rassemblements de leur race, mais cette explication lui sembla peu plausible. L'espèce vivante amenée à incarner sur un monde la forme d'existence la plus élevée évoluait depuis l'animal jusqu'à la créature intelligente en grand nombre, par dizaines ou centaines de milliers au minimum. Même si le reste de la population s'était éteint depuis, les aviens devaient au fil des générations avoir au moins préservé un souvenir du temps auquel ils étaient beaucoup plus nombreux. Pourtant Illht s'en tint à son affirmation. Il n'y avait jamais eu plus de quatre mille deux cents Pies, et cette quantité ne changerait pas davantage à l'avenir, ni en plus, ni en moins.

L'officier aborda ensuite le thème du cycle des générations. Au grand ébahissement de son interlocuteur, il voulut savoir à combien se montait l'espérance de vie des aviens et combien de naissances étaient enregistrées chaque année – ce en quoi il achoppa sur une difficulté inattendue. Illht n'avait aucune notion de ce qu'était un an, aussi ses indications quant à la longévité moyenne des Pies furent-elles extrêmement floues. Pour la même raison, il ne fut pas en mesure de dire combien de naissances avaient lieu par unité de temps, et là encore il ne fournit sur le cycle de vie de sa race que des informations vagues et imprécises, à tel point que Paol acquit l'impression de se déplacer sur un territoire à l'intérieur duquel il n'avait pas été invité à pénétrer. Changeant une nouvelle fois de sujet, il réussit à enregistrer une douzaine de réponses supplémentaires avant de prendre congé pour remonter à bord du *Krest* avec les renseignements collationnés.

Au cours de cette journée, il effectua encore plusieurs visites à la lisière nord du camp, et quel que fût le moment où il apparaissait, chaque fois ce fut Illht qui l'accueillit en se déclarant prêt à répondre à ses questions. La silhouette de la Pie finit par devenir familière au Terranien et, lors de son dernier passage, il réussit aisément à la reconnaître au milieu de ses congénères.

Il se dirigea vers elle avant de poser délicatement le glisseur. Cette fois, il était seul. Quand il descendit, l'avien se déplaça vers lui sur son pied unique avec une surprenante habileté, chenillant avec empressement.

— Ceci est ma dernière visite, lui annonça Paol. Demain, ces véhicules quitteront votre monde.

— Demain, vous repartez chez vous, confirma avec le plus grand sérieux l'être ailé.

— Exact, répliqua l'officier. Nous avons longtemps attendu cet instant.

— Tu as encore des questions, releva Illht.

Le lieutenant Haines approuva. Pourtant, en réalité, sa curiosité passait cette fois au second plan. S'il était venu, c'était en premier lieu pour faire ses adieux à l'avien. Il ne savait pas comment cela lui était arrivé, mais il ressentait soudain une certaine camaraderie avec la créature volante. Savoir qu'il voyait ce soir Illht pour la dernière fois l'attristait, et il ne voulait pas s'en aller sans assurer à son interlocuteur attitré que, même s'il ne pouvait le considérer comme un ami, il avait malgré tout appris à l'apprécier en tant que personne intelligente d'un Univers dans lequel ils habitaient tous deux.

L'autre ne parut pourtant pas sensible à cet élan de sympathie. Qu'il vît Paol ce soir pour la dernière fois ou qu'il lui restât encore des semaines entières à répondre aux questions indiscrètes de l'humain semblait lui être complètement égal. Il fournit des explications courtes et précises là où il était en mesure d'apaiser la soif de connaissances du Terranien, et recourut aux prétextes habituels lorsque son interlocuteur s'engageait dans une voie taboue.

Quand l'officier signala qu'il était maintenant temps pour lui de s'en aller, le soleil rougeâtre était déjà très bas sur l'horizon. Illht ne se départit pas de sa politesse coutumière, mais le lieu commun qu'il employa pour faire ses adieux ne différait en rien de celui qu'il avait utilisé lors des précédentes séparations. Rien n'indiquait qu'il fût conscient de l'importance de cet instant – ou qu'il s'en souciât un tant soit peu.

Paol remonta dans le glisseur et décolla, non sans avoir auparavant jeté un dernier coup d'œil sur l'attroupement des Pies qui se tenaient, depuis maintenant deux jours, immobiles sur leur membre inférieur unique, le regard fixé vers le sud. Tout au long des heures durant lesquelles elles avaient ainsi attendu près de la lisière du camp, personne ne les avait vues manger ni s'adonner à l'un ou l'autre des actes auxquels toutes les créatures organiques sont astreintes à intervalles réguliers.

Jamais encore – et aucun doute à ce sujet n'existait

dans l'esprit du lieutenant Paol Haines – il n'avait rencontré d'être intelligent d'une nature aussi singulière.

Une fois à bord du *Krest*, il transmit ses derniers enregistrements au laboratoire xénologique avant de regagner sa cabine, qu'il partageait avec deux autres officiers. Constatant qu'il avait présentement les lieux pour lui seul, il eut une pensée reconnaissante à l'adresse de ses deux compagnons pour leur absence. Après quoi, il se jeta sur sa couchette et passa plusieurs heures en cogitations inquiètes avant de finalement s'enfoncer tout habillé dans un sommeil agité duquel il n'émergea qu'au matin du grand jour.

Les travaux s'étaient achevés dans le délai prévu. Les convertisseurs étaient installés et connectés, bien que tout essai fût impossible, étant donné que la moindre activité d'un générateur paratronique aurait déclenché les défenses automatiques des Constructeurs du Centre. Plusieurs tests de contrôle et d'ajustement avaient cependant pu être effectués, assurant les Halutiens que les appareils réagiraient correctement à tout signal émis depuis le poste central.

L'aménagement des ponts intercalaires était également terminé. On avait procédé la veille au soir à une répétition générale qui avait prouvé que les deux vaisseaux pouvaient bel et bien accueillir la totalité de l'équipage du *Krest*. Les places étaient serrées, mais pas au point que cela dût devenir rapidement intenable. Chacun devrait pouvoir le supporter quelques jours, et si tout se déroulait aussi bien qu'on l'espérait, aucune difficulté insurmontable ne s'opposait au long voyage.

Le 7 septembre 2436, la nef amirale de l'Empire Solaire et les deux navires halutiens décollèrent pour la dernière fois de la surface d'un monde dont le soleil appartenait à une galaxie étrangère. Quand le premier grondement d'un bloc-propulsion se fit entendre, les Pies qui attendaient toujours à la lisière du camp se redressèrent avant de fuir en toute hâte à grand renfort de battements d'ailes. Les trois vaisseaux s'élevèrent dans le ciel rougeâtre à une allure croissante, pour filer quelques instants plus tard au sein de cet environnement où ne régnait que l'obscurité impénétrable et statique de l'espace intergalactique.

Soixante-dix minutes après le départ, et après que les deux unités halutiennes se furent ancrées à la paroi extérieure du *Krest*, celui-ci plongea dans la zone de libration.

Curieusement, ce fut à cet instant que Paol Haines se souvint d'un détail de sa dernière conversation avec la Pie Illht, détail qu'il aurait logiquement dû avoir relevé depuis longtemps.

— *Demain, vous repartez chez vous*, avait déclaré l'avien.

À première vue, cette affirmation n'avait rien de bizarre, ce qui expliquait au demeurant pourquoi le lieutenant ne s'en était pas aperçu plus tôt. L'anomalie était ailleurs : en réalité, cette phrase reflétait une connaissance que la créature ailée n'était pas censée avoir.

Paol était le seul Terranien à avoir conversé avec Illht. Il était même le seul à avoir jamais parlé avec une Pie. Et il était absolument, catégoriquement certain de n'avoir rigoureusement rien révélé au sujet du retour prochain.

CHAPITRE III

Le cas lui parut assez intéressant pour en faire part à Lansbury. Il était convaincu d'avance que le major transmettrait l'information à la hiérarchie ; il fut donc quelque peu surpris quand l'autre lui déclara sans détour qu'il n'y donnerait pas suite et qu'il pouvait s'estimer chanceux de s'en tirer à si bon compte.

Paol commençait à réaliser qu'au cours de ses investigations avec les Pies, il avait perdu de vue la distinction entre les choses importantes et celles qui l'étaient moins. Le peuple des aviens, aussi mystérieux et énigmatique qu'il fût, était un phénomène marginal. Seule l'entreprise dans laquelle venaient de se lancer les trois vaisseaux comptait vraiment – une téméraire équipée qui entrerait dans les annales de l'histoire de l'exploration spatiale terranienne.

Il était raisonnablement impossible de réussir à estimer l'ampleur de cette aventure. Dans un passé pas si lointain – quelques décennies seulement – le fait, pour une nef, d'avoir franchi par ses propres moyens le gouffre séparant la Voie Lactée de la galaxie voisine d'Andromède avait été considéré comme un exploit de première grandeur. Cette étendue atteignait approximativement un million et demi d'années-lumière. Depuis, le génie inventif terranien avait résolu le problème consistant à fabriquer des blocs-propulsion à la fois assez puissants et compacts pour être installés dans n'importe quelle unité d'usage courant, et permettre à celles-ci de voyager sur des distances auparavant jugées comme inimaginables.

Comparativement à l'échelle d'aujourd'hui, ces exploits d'hier apparaissaient dérisoires. L'écart total entre la Voie

Lactée et Andromède correspondait à moins d'un tiers du trajet que le *Krest* et les deux vaisseaux des Halutiens devaient parcourir, en s'éloignant de la bordure de la Grande Nébuleuse M 87, avant même de pouvoir entamer la véritable traversée en toute tranquillité. Les Constructeurs du Centre, soucieux de la sécurité de leur sphère d'influence et habités par une peur pathologique des Bestians, avaient développé une arme défensive dont l'effet s'avérait fatal pour tout propulseur paratronique mis en service à l'intérieur du domaine interdit. L'infortuné navire équipé de ce dispositif était happé par une vague destructrice d'hyperénergie générée par la Radiance Bleue du Centre, puis aspiré et anéanti. Cette Radiance Bleue, que les astronomes des générations précédentes avaient tenue pour un faisceau de plasma luminescent azuré issu du cœur de M 87 à la suite d'un processus plus ou moins magique, n'était que la manifestation extérieure d'un champ de structure énergétique complexe qui interagissait avec la dispersion radiative spécifique des convertisseurs paratroniques, et se comportait comme une arme telle que le véhicule ayant eu l'imprudence de s'aventurer en deçà de la limite efficace n'avait aucune chance d'échapper à son action exterminatrice.

Le domaine interdit était un volume sphérique dont le rayon atteignait, selon les estimations les plus prudentes, cinq millions d'années-lumière. Ce n'était qu'en dehors de ces frontières que l'activation d'un bloc-propulsion transdim pouvait se faire sans risque. Une heureuse fortune avait permis que le *Krest*, avec ses kalups récemment remplacés, soit en mesure de franchir lui-même presque toute la distance : les convertisseurs du vaisseau amiral, en calculant à partir de Homeside, étaient encore aptes à couvrir quatre millions sept cent mille années-lumière. Les trois cent mille supplémentaires à parcourir pour aboutir aux cinq millions depuis la bordure de M 87 – ce qui ajoutait cent mille années-lumière par rapport au centre, mais était un gage de sécurité supplémentaire –

devraient l'être à bord des deux nefs halutiennes. Après quoi seulement les paratrons pourraient être activés sans crainte, et le reste du trajet vers la Galaxie-patrie effectué en vol transdimensionnel.

L'intervalle total atteignait trente-deux millions d'années-lumière. Déduction faite des cinq millions à franchir pour des raisons de sécurité avant le début du véritable voyage, demeuraient encore vingt-sept millions d'années-lumière – ce qui était de loin la plus grande distance qu'aurait jamais traversée un Terranien à l'intérieur d'un vaisseau spatial aménagé avec les moyens du bord.

Et pourtant, rien n'était moins assuré que la réussite de cette entreprise. Les convertisseurs paratroniques avaient été fabriqués par les unités de production des Constructeurs du Centre et leur avaient été extorqués sous la menace. Il n'avait pas encore été déterminé si l'acceptation par les Constructeurs des exigences de ceux qui, peu de temps auparavant, étaient encore leurs ennemis jurés s'était faite sans hypocrisie et sans arrière-pensée. Il n'existait aucune possibilité de tester les propulseurs. À l'intérieur du domaine interdit, tout essai équivalait à un suicide, et à l'extérieur de cette zone plus rien ne servait de procéder à des vérifications. Car même s'il devait s'avérer que les paratrons avaient été trafiqués afin de détruire les vaisseaux halutiens, on n'en serait pas plus avancé : une fois dans les profondeurs de l'espace intergalactique, aucun des navires n'était plus en mesure d'en ressortir au moyen de ses blocs-propulsion conventionnels. Après s'être enfoncés dans le désert absolu de l'abîme entre les galaxies, si les convertisseurs transdimensionnels étaient piégés, que les hommes du *Krest* s'en aperçoivent à temps ou pas n'aurait plus d'importance : leur destin serait scellé de toute façon.

La positronique de bord évalua le problème avec la froide logique d'une mécanique sans âme – et calcula la probabilité que les propulseurs paratroniques fonctionnent conformément aux espérances comme étant de cinquante pour cent. En d'autres termes, on se préparait à jouer à pile ou face.

La durée du vol jusqu'aux coordonnées prévues pour le départ proprement dit fut estimée à dix-sept jours. Le trajet serait parcouru en quarante-sept étapes linéaires de cent mille années-lumière chacune. La procédure, qui aurait déjà été épuisante dans des circonstances ordinaires en exigeant de l'équipage un maximum d'attention et d'implication, se révéla en l'occurrence être une véritable torture, chaque heure écoulée semblant s'étirer dix fois plus. Tension et nervosité furent les maîtres mots tout au long de cette période. Le nombre de cas de surmenage qui durent être traités à hôpital de bord grimpa jusqu'au triple de la normale. Des échanges de termes peu amènes eurent lieu là où, d'habitude, les rapports verbaux restaient amicaux. Dans l'un des foyers, une discussion s'envenima jusqu'au stade où deux groupes de vingt hommes en arrivèrent à s'affronter à coups de poings. Les responsables du maintien de l'ordre éprouvèrent le plus grand mal à séparer les antagonistes, et ce d'autant plus que plusieurs des miliciens, prenant parti pour l'une ou l'autre faction, se mêlèrent à la rixe au lieu de s'interposer. L'atmosphère orageuse qui régnait à bord de l'immense vaisseau devint peu à peu insoutenable, à tel point que nombre des participants de cette aventure témoignèrent par la suite que le véritable test d'endurance, pour les cinq mille hommes et femmes du *Krest*, n'avait pas été le long voyage de vingt-sept millions d'années-lumière, mais bien le parcours qui l'avait précédé.

Le 22 septembre à 01 h 00, temps standard, Perry Rhodan utilisa le circuit intercom général pour transmettre à tout l'équipage un avertissement et un rappel à la discipline. Pragmatique comme il était, il savait toutefois que les mots seuls ne suffiraient pas : il était nécessaire de réorienter l'attention des gens sur un nouveau sujet d'intérêt. Le Stellarque ordonna donc que chacun vérifie et enfile son spatiandre de combat. Nul, spécifia-t-il, ne serait autorisé à monter à bord de l'une ou l'autre des nefs halutiennes s'il n'était pas équipé d'une combinaison spatiale cent pour cent opérationnelle.

L'utilisation de ces véritables armures en lieu et place des modèles ordinaires, plus légers, était une conséquence de la méfiance vis-à-vis des Constructeurs du Centre. S'il s'avérait pour de bon que les Constructeurs n'avaient pas joué franc jeu, il était impératif que chaque personne bénéficie en toutes circonstances d'un maximum de chances de survie. Les spatiandres de combat, dotés de leurs propres propulseurs, climatiseurs, projecteurs antigrav et dispositifs de recyclage des déchets, offraient les meilleures possibilités de sécurité, de mobilité et d'indépendance vis-à-vis du milieu environnant. Au cas où les unités halutiennes devraient être abandonnées parce que les convertisseurs avaient été trafiqués au point de représenter un danger immédiat, l'équipage du *Krest* serait en mesure de rester en vie durant plusieurs semaines et de mettre à profit ce laps de temps pour découvrir un endroit pourvu de conditions autorisant une survie ultérieure. Naturellement, tout dépendait du moment du voyage auquel l'hypothétique fourberie des Constructeurs serait percée à jour. Dans l'espace intergalactique, il n'existait rien qui eût valu la peine de se lancer à sa recherche.

La tactique obtint le succès escompté : les hommes prirent brusquement conscience que l'instant décisif était tout proche. Ils achevèrent de recouvrer leurs esprits lorsqu'ils furent appelés, groupe après groupe, pour récupérer leurs spatiandres de combat. Ils s'imprégnèrent d'un seul coup de l'importance du moment – et surtout du fait que c'étaient les dernières heures qu'ils passaient avec sous leurs pieds les ponts du vaisseau amiral de l'Empire Solaire.

Des milliers d'hommes et de femmes, qui n'avaient jamais considéré le *Krest* autrement que comme un véhicule, certes équipé de toute la sophistication possible tant sur le plan technique que sur celui du confort, mais néanmoins un véhicule sans âme dont la seule tâche consistait à les emmener d'un endroit à un autre en cumulant vitesse et sécurité maximales, se découvrirent subitement une fibre sentimentale, ne pouvant s'ôter de la tête l'idée que le gigantesque astronef allait être définitivement abandonné dans moins d'un jour standard. Chacun réalisait tout à coup qu'il avait fini par s'attacher à ce navire.

La nervosité fébrile, presque hystérique, céda la place à une atmosphère de nostalgie. C'était désormais avec un regard nouveau que l'on parcourait l'univers des coursives, halles et puits antigrav. On avait conscience de voir tout cela pour la dernière fois.

C'était un état d'esprit dans lequel les considérations matérielles ne jouaient aucun rôle. Seuls Perry Rhodan et son état-major perçurent avec une clarté douloureuse qu'on perdait, avec le *Krest IV*, un artefact qui avait coûté aux contribuables de l'Empire la bagatelle de cinq cent milliards de solars.

Le soudain éveil de ce sentiment d'affinité avec l'ultracroiseur, et le désir aussi général qu'inattendu de l'équipage de connaître le destin futur de leur cher *Krest IV*, incitèrent le Stellarque à communiquer publiquement toutes les heures un bulletin d'information annonçant l'état des blocs-propulsion linéaires et l'avancement des préparatifs d'évacuation du vaisseau. En sus de cela, il expliqua dans le moindre détail les projets concernant le statut ultérieur de l'appareil.

Le 22 septembre à 15 h 00, temps standard, tous les passagers de la nef amirale étaient engoncés dans leurs spatiandres de combat, équipés d'armes et autres accessoires. Il était clair que les informes et lourdes combinaisons spatiales réduiraient encore davantage l'espace déjà mesuré à bord des unités halutiennes, ce qui fut partiellement compensé par la décision de ne pas embarquer certaines marchandises qui avaient pourtant été tenues jusqu'ici pour irremplaçables. Parmi les objets comptant au nombre de ceux qui ne pouvaient en aucun cas être abandonnés figuraient les enregistrements du livre de bord, qui témoignaient des huit mois de pérégrinations du *Krest* au sein de l'océan d'étoiles de M 87 et d'un nombre incalculable de données cosmographiques précises, ainsi que des rapports élaborés au sujet des diverses races et civilisations de la galaxie étrangère. Imprimées sur papier, ces informations auraient rempli plusieurs centaines de milliers de livres de format courant – sans mentionner les fichiers sonores ou vidéo, qui nécessitaient d'autres médias. Sous forme numérique et hologravé dans des cristaux mémoriels, l'ensemble tenait heureusement sans problème dans un conteneur rectangulaire d'un mètre de côté sur deux mètres cinquante de long.

Le principal sujet d'intérêt de l'équipage fut néanmoins les plans conçus pour le devenir du vaisseau, après qu'il aurait été laissé à lui-même. Une fois ses convertisseurs kalupéens grillés, le *Krest IV* ne serait plus capable que de se déplacer en vol dit normal, c'est-à-dire en demeurant dans le continuum einsteinien quadridimensionnel. Ses réserves énergétiques disponibles pour les propulseurs corpusculaires, bien que non illimitées, pouvaient être considérées comme presque inépuisables tant qu'elles étaient assistées et catalysées par les compensateurs gravitationnels ; aussi, en calculant judicieusement accélérations et parcours en chute libre, n'existait-il aucun endroit de l'univers connu qui restât hors de portée de l'immense sphère de terkonite. L'autopilote avait donc été programmé afin que le *Krest* s'en aille selon un cap qui le mènerait en direction de la Voie Lactée. En vue de ménager autant que possible les générateurs, son accélération resterait faible – dix kilomètres par seconde carrée – mais constante. L'ultracroiseur atteindrait des vitesses relativistes en l'espace d'une journée, toutefois ses tuyères continueraient à fonctionner pendant un demi-siècle en temps de bord. À ce moment-là, un million et demi d'années se seraient écoulées et pratiquement autant d'années-lumière auraient été franchies. Après un parcours inertiel de quatre cent soixante années locales durant lesquelles il traverserait vingt-quatre millions d'années-lumière, les réacteurs reprendraient du service en sens inverse afin de ralentir l'énorme artefact, de sorte que le *Krest* aborderait les franges de la Voie Lactée à une allure interplanétaire. Jusque-là, cinq cent soixante ans auraient été décomptés par l'horloge de bord, mais les hommes qui se préparaient à franchir le gouffre par des voies moins conventionnelles ne pourraient escompter – à condition qu'ils rallient bien leur destination – sur la réapparition de leur navire avant l'expiration d'un délai de vingt-sept millions d'années.

De plus, étant donné que même le vide intergalactique recelait des dangers susceptibles d'altérer la trajectoire de l'ultracroiseur, le puissant hyperémetteur avait été programmé afin d'envoyer à intervalles réguliers un signal à intensité maximale. Il n'était évidemment pas question d'une onde modulée, mais simplement d'une impulsion directionnelle condensée d'une durée de quelques nanosecondes en temps du bord, l'espoir restant entier que cette transmission serait détectée par les instruments appropriés placés en bordure de la Voie Lactée et que les coordonnées de sa source pourraient être déterminées par triangulation. Ainsi serait-on informé en permanence du cap suivi par le vaisseau fantôme. L'espacement entre les messages avait été défini de manière à ce que les – provisoirement – hypothétiques observateurs postés à la lisière de la Galaxie-patrie les captent à intervalles d'une année standard. Sur la majeure partie de son parcours, le facteur de dilatation temporelle affectant le *Krest* serait d'environ cinquante-deux mille, ce qui signifiait que pour produire des signaux séparés d'un an standard, l'émetteur devrait être activé toutes les dix minutes. Les calculs liant le fonctionnement de l'hypercom au déplacement du navire n'avaient pas été simples, mais ils avaient été vérifiés et revérifiés jusqu'à la moindre virgule, et tous ceux qui y avaient travaillé étaient convaincus que tout se déroulerait conformément aux prévisions – conscients toutefois que la plus infime défaillance réduirait à néant tout ce beau programme.

Le souci éprouvé pour le devenir du vaisseau alors même qu'on s'apprêtait à l'abandonner était purement sentimental. Comme l'avait déclaré Atlan avec son cynisme habituel : jamais encore les Terraniens n'avaient dépensé autant d'énergie pour un résultat aussi insignifiant. Tous ces efforts n'avaient d'autre objectif que de masquer aux âmes sensibles la pénible réalité : à l'échelle humaine, le *Krest IV* serait perdu corps et biens aussitôt après que l'équipage l'aurait évacué pour s'installer à bord des deux nefs halutiennes, puis que celles-ci auraient commencé à accélérer. À supposer que l'ultracroiseur réapparaisse vraiment en bordure de la Voie Lactée dans vingt-sept millions d'années, cela ne présentait aucun intérêt pour personne. Même pour un porteur d'activateur cellulaire, vingt-sept millions d'années constituaient un laps de temps impressionnant.

La réaction de l'équipage à l'annonce de ce projet se révéla pourtant approbatrice et soulignée de témoignages de satisfaction spontanés. C'était comme si l'on se sentait coupable vis-à-vis du navire géant, et que les vastes préparatifs opérés en vue de le préserver étaient considérés comme une manière de réparer la faute – au moins en partie.

Le sort du *Krest* devint le principal sujet de conversation. Les esprits les plus romantiques firent travailler leur imagination pour décrire en termes enflammés tous les incidents possibles susceptibles de contribuer à ramener la nef amirale chez ses propriétaires bien avant l'échéance prévue. Certains allèrent jusqu'à attribuer des qualités imaginaires à l'espace intergalactique, tandis que les plus objectifs présumèrent que les techniques de navigation spatiale allaient tellement progresser au cours des prochaines décennies que la récupération d'un vaisseau éloigné de près de trente millions d'années-lumière ne serait plus qu'une formalité. Toujours était-il que, les esprits se focalisant sur le destin de l'ultracroiseur, le calme se réinstalla à bord et le cap du premier – le plus critique – test d'endurance de l'équipage parut franchi avec succès.

Puis, ce même 22 septembre, vers 21 h 00 temps standard, l'annonce décisive sortit des haut-parleurs du circuit intercom général :

— La défaillance du dernier convertisseur kalupéen devrait survenir au cours des prochaines quatre-vingt-dix minutes. Les préparatifs en vue de l'évacuation, qui s'effectuera conformément au minutage établi, débuteront à vingt-deux heures précises. Veuillez vérifier vos chronographes.

*
* *

Les immenses ponts se vidèrent rapidement. Chacun suivant le plan d'abandon du *Krest* peaufiné jusque dans les moindres détails, des flots constitués de milliers d'hommes et de douzaines de femmes se déversèrent des grands sas de chargement du vaisseau pour dériver, aidés par les propulseurs dorsaux de leurs spatiandres de combat, le long de la coque de terkonite en direction des deux véhicules halutiens, toujours solidement ancrés à la nef amirale terranienne.

Le major Lansbury et son groupe formaient l'arrière-garde. Paol Haines, en sa qualité d'officier technique, avait reçu pour mission de vérifier une dernière fois, dans la centrale de commandement, que les réglages du pupitre principal de contrôle correspondaient à ce qui avait été défini plusieurs heures auparavant, et notamment de s'assurer que l'autopilote était correctement programmé pour les opérations qu'il aurait à accomplir durant les prochains siècles.

Lorsqu'il pénétra pour l'ultime visite dans l'immense halle du poste central, accompagné par Eller Mainart, il était vingt-trois heures trente. Les murmures d'un millier d'appareils positroniques envahissaient la salle, nettement audibles pour la première fois à présent que s'était tu à jamais le brouhaha des officiers et des équipes dont l'activité fébrile avait jusqu'ici toujours animé ce lieu. Au moment d'entrer, Paol s'arrêta à hauteur du panneau d'accès avant de parcourir la rotonde du regard. Ce vide l'emplissait d'un effroi teinté d'incrédulité, comme s'il prenait seulement conscience à cet instant que le *Krest* était bel et bien abandonné.

Il peina à se débarrasser de la fascination dans laquelle l'avait plongé la vue de la halle désertée. Secouant la tête comme pour chasser un mauvais rêve, il jeta un œil sur son chronomètre. Le dernier homme devrait avoir quitté le vaisseau à minuit. S'il voulait respecter l'horaire, il n'avait pas de temps à perdre.

Assisté par le sergent Mainart, il vérifia le pupitre principal de commande. Suivant point par point la liste que leur avait donnée Lansbury, ils inspectèrent près de soixante fonctions de la console. Toutes étaient satisfaisantes. Le lieutenant s'intéressa ensuite à l'autopilote. Il lui vint à l'esprit qu'il ne serait peut-être pas inutile d'examiner le circuit de distribution qui alimentait en énergie aussi bien le pupitre que le pilote automatique, besogne dont il chargea son compagnon. Le dispositif se trouvait dans un petit local situé de l'autre côté de l'estrade qui faisait le tour de la centrale de commandement. Paol, complètement absorbé par ses propres contrôles, aperçut du coin de l'œil Mainart qui traversait la salle, puis s'en désintéressa.

Dix minutes plus tard, il avait acquis la certitude que le système supporterait aisément toutes les tâches qui lui avaient été assignées. Il vérifia l'heure : il était 23 h 53. Il lui restait sept minutes pour avoir rejoint Lansbury dans le sas équatorial oriental. Réalisant brusquement que Mainart n'était pas revenu, il l'appela par son nom – et fut affolé par l'écho creux avec lequel les murs réverbérèrent le son de sa voix. Il ne reçut toutefois aucune réponse.

Il se dirigea vers l'écoutille. Une fois à proximité de la grande ouverture ovale, il entendit, provenant du dehors, un bruit traînant. Saisissant instinctivement son arme, il s'écarta afin de continuer son approche en se maintenant à l'abri hors du champ direct de l'embrasure. Il en était encore éloigné de deux mètres quand une ombre massive obscurcit l'entrée. Paol se pétrifia, et son sang se figea dans ses veines.

Face au passage se tenait Eller Mainart, appuyé des deux mains contre la paroi métallique, flageolant sur des jambes ayant adopté une posture bizarrement tordue, comme si toute force s'était retirée d'elles. Balafrant la joue du sergent, une plaie béante et dégoulinante lui ensanglantait le visage. Il posa sur son supérieur un regard aux yeux dilatés et emplis d'une horreur sans nom.

— Sa… leté de Pie…, haleta-t-il avant de s'écrouler par terre.

*
* *

Paol réagit instantanément. Se précipitant à grands bonds jusqu'au pupitre de contrôle le plus proche, il abattit son poing sur le gros bouton rouge vif qui déclenchait l'alerte générale. Un dixième de seconde plus tard, le hurlement strident des sirènes envahissait les halles et coursives désertes du vaisseau – des bruits dont chacun avait cru qu'ils s'étaient tus pour l'éternité. Les robots, qui avaient simplement été désactivés, répondirent au signal, se remettant d'eux-mêmes en service pour converger de toutes parts vers la centrale de commandement. Dans le sas équatorial, le major Lansbury lança quelques ordres brefs à ses hommes avant de repartir avec eux en direction du centre du navire.

Le lieutenant Haines obtint en quelques minutes toute l'assistance dont il avait besoin. Il désigna sans mot dire Eller Mainart, se fiant à ce que chacun reconnaîtrait la nature de la blessure défigurant les traits du colosse. Deux membres de l'équipe du major ramassèrent le sergent et l'emportèrent pendant que Paol se mettait à la recherche de la créature qui aurait peut-être bientôt un mort sur la conscience.

Mainart avait inspecté le distributeur. La petite écoutille presque ronde menant à la salle du circuit était fermée – mais pas verrouillée, comme le remarqua l'officier en s'approchant. Après avoir dégainé et assuré son radiant de poing dans sa main droite, il saisit de l'autre la poignée du panneau pivotant et la tira en arrière d'un coup sec.

La pièce était brillamment éclairée. Le sol présentait des traces d'un liquide sombre, probablement du sang. Contournant le bloc du dispositif répartiteur en forme de cube, Paol dénicha derrière ce qu'il cherchait.

Le corps gris et hirsute d'une Pie gisait par terre, à moitié couché sur le flanc. Ses vastes ailes repliées pêle-mêle, ses yeux étincelants et immobiles braqués vers le haut, elle avait le cou recourbé selon un angle anormal. Le lieutenant réalisa tout de suite : Mainart, complètement pris par surprise en découvrant la présence de l'avien, n'avait pas eu le temps de sortir son arme. Il avait alors attaqué à mains nues et tordu le cou de son agresseur – mais pas assez vite pour se préserver du coup de bec mortel.

La Pie vivait encore. Paol se pencha et, tout en gardant ses distances avec le bec venimeux, roula la créature étrangère sur le dos en saisissant la jambe unique au pied discoïdal et en la tournant jusqu'à ce que le reste du corps suive le mouvement. Le crâne sphérique pivota brusquement, heurtant le sol avec un bruit sourd. L'officier vit alors pour la première fois les traits de l'être.

Il n'existait qu'un seul visage de Pie qu'il avait suffisamment mémorisé pour l'identifier. Et c'était ce même visage qu'il avait actuellement sous les yeux.

L'avien qui avait attaqué Eller Mainart n'était autre qu'Illht.

*
**

L'être volant, dont les forces vitales déclinaient rapidement, esquissa un geste montrant qu'il reconnaissait le Terranien. Ouvrant avec difficulté son bec, il lâcha un flot de liquide bleu-vert qui s'écoula par terre en formant une flaque malodorante. Son excroissance vocale cartilagineuse remua et un unique son, presque imperceptible, en sortit.

— Kii-jieuh…

Puis l'ultime parcelle d'énergie abandonna le cou maltraité, et la tête retomba lentement sur le côté.

Illht était mort.

Paol se redressa. Lansbury se tenait à l'entrée de la salle.

— Que s'est-il passé ici ?

— Une Pie, Monsieur, répondit le lieutenant en jetant un regard apeuré au cadavre.

La surprise avait été trop brutale. Il ne réalisait pas encore ce qui était arrivé.

— Une Pie ? s'exclama le major. Comment diable… ?

Passant devant Paol, il aperçut l'avien mort. Après l'avoir contemplé quelques secondes tout en crachant un chapelet d'imprécations, il cria :

— Willitzer !

Un caporal engoncé dans son spatiandre de combat informe apparut sur la plate-forme périphérique de la centrale.

— Monsieur ?

— Appelez le navire d'Icho Tolot. Texte : UNE PIE DÉCOUVERTE À BORD DU *KREST*. IGNORONS SI LA CRÉATURE ÉTAIT SEULE OU NON. DEMANDONS INSTRUCTIONS.

Le message fut reçu et communiqué à Perry Rhodan. Le Stellarque eut une minute d'hésitation. Devait-il détruire le mythe qu'il avait activement contribué à créer au cours des heures précédentes ? Valait-il mieux sauvegarder les apparences – ou donner au major Lansbury la seule réponse stratégiquement raisonnable en révélant à tout le monde que, parmi les choses qui lui tenaient à cœur en ce moment, la sécurité de son vaisseau amiral arrivait au dernier rang ?

Le choix était cornélien. Quand il prit enfin sa décision, il s'avéra comme de coutume qu'elle rendait justice au sens des responsabilités de la plus haute autorité de l'Empire Solaire.

La consigne que remit quelques instants plus tard le caporal Willitzer à son supérieur était donc :

— ÉVACUEZ IMMÉDIATEMENT LE *KREST* !

Tout était terminé. Lansbury renvoya ses hommes vers le sas. Lui et le lieutenant Haines furent les derniers à quitter la centrale de commandement pendant que les robots regagnaient leurs niches et se désactivaient automatiquement. Nul ne se soucia du cadavre d'Illht.

Les deux officiers descendirent jusqu'au niveau du pont équatorial par un court puits antigrav. Empruntant une bande transporteuse qui parcourait l'une des larges coursives radiales, ils prirent la direction du sas. Paol commença à refermer son casque pressurisé. Il aurait voulu avoir fait ce dernier voyage avec le calme d'un pèlerinage ; il avait espéré pouvoir quitter ce vaisseau avec dans le cœur un paisible attendrissement. L'incident avait tout gâché. Dans sa tête, il voyait encore le crâne disgracieux d'Illht dodelinant à l'extrémité de son cou rompu, impuissant. Qu'avait cherché l'avien en pénétrant à l'intérieur du navire ? Et d'abord, comment était-il entré ?

« Kii-jieuh... » Tel avait été son ultime mot.

Kii-jieuh-rrhaal – Ceux-qui-planent-au-dessus-de-nous ! Était-ce sur leur ordre que la créature volante s'était glissée à bord ? Et quand, pourquoi, lui avaient-ils transmis cette instruction ? Quelle avait été sa mission ? De l'espionnage ?

Ce fut avec résignation que Paol prit conscience que l'injonction du Stellarque lui avait ôté toute possibilité de trouver une réponse aux multiples questions qui le harcelaient. Parvenu à l'extrémité du passage radial, il descendit de la bande transporteuse à la suite de Lansbury. Puis ils entrèrent dans la grande chambre de décompression et inspectèrent une dernière fois leurs équipements.

L'écoutille extérieure pouvait être ouverte par sections. Le major poussa un bouton situé sur un panneau de contrôle de dimensions imposantes. Un rectangle d'un mètre cinquante de large sur deux de haut coulissa verticalement. De l'autre côté de l'orifice régnaient les ténèbres absolues du désert de l'espace intergalactique.

Paol s'avança, se retrouvant en apesanteur aussitôt après avoir franchi l'orifice. Dérivant lentement au-dessus de la coque métallique du vaisseau géant, il se tourna afin de s'orienter. Alors, il les aperçut.

Deux choses ressemblant à des morceaux de rocher allongés, chacune aussi grande qu'une maison, glissaient devant l'écoutille derrière laquelle Lansbury attendait que le lieutenant lui annonce le bon déroulement de sa sortie. La lumière vive jaillissant de l'embrasure les avait trahies.

Aucun raisonnement logique ne lui permettait de déduire l'identité des deux blocs minéraux. Il sut pourtant tout de suite qui ils étaient.

Les Kii-jieuh-rrhaal.

En langage avien, Ceux-qui-planent-au-dessus-de-nous…

CHAPITRE IV

Hurlant un avertissement au major, il arracha son radiant de sa gaine pour tirer coup sur coup deux salves dans la direction des deux rochers. L'une d'elles fit mouche, creusant un cratère ardent à la surface du mini-astéroïde.

Se produisit alors ce que Paol avait instinctivement escompté.

L'objet s'écarta. Bien que dépourvu de tout dispositif de propulsion identifiable, il dévia soudain latéralement, la marque rougeoyante créée par l'impact énergétique matérialisant sa trajectoire.

— Ils sont vivants ! cria l'officier. Et vraisemblablement intelligents !

Lansbury sembla avoir compris le danger : un éblouissant trait de lumière jaillit de l'ouverture du sas. La seconde d'après, une sphère brasillante rouge et jaune s'enflait au milieu de la noirceur. Au vu de son coup au but, le major poussa un cri de victoire.

Paol, lui, retint son souffle.

Le tir réussi avait réduit la majeure partie du pan de roche en matière fondue, à présent en cours d'évaporation. La luminosité émise par le foyer était considérable, et comme par magie naquirent dans les ténèbres, à l'arrière-plan du bloc en fusion, de petits points cramoisis.

Des reflets du brasier ardent à la surface d'autres astéroïdes.

Le lieutenant en dénombra vingt mais, alors qu'il comptait encore, de nouvelles taches se formèrent, d'abord lentement, comme avec hésitation, puis de plus en plus vite jusqu'à ce que la noirceur jusqu'ici sans vie de l'espace fourmille de lueurs écarlates.

Lansbury fit feu de toute la puissance de son arme, dont la bouche flamboya à une cadence croissante. Deux rochers qui s'étaient rapprochés à moins d'un kilomètre de la coque de l'ultracroiseur explosèrent, atteints de plein fouet et illuminant la nuit d'une pluie d'étincelles.

— Lieutenant Haines au Commandement ! cria Paol. Le *Krest* est attaqué par des objets non identifiés ! Je demande des renforts !

Il répéta deux fois son message. Alors qu'il allait lancer son troisième appel, l'un des sinistres ennemis surgit de l'obscurité devant lui, révélé par les globes brasillants de ses congénères malchanceux. S'interrompant au milieu de sa phrase, Paol appuya sur la détente de son radiant. Pendant que le bloc minéral effectuait un mouvement de dérobade, il le suivit du canon de son arme et son deuxième tir le toucha non loin de son extrémité avant. Il sentit au même instant une douleur piquante lui envahir le bras droit jusqu'à l'épaule. Lâchant un grognement furieux, il récupéra le radiant de la main gauche pour expédier une troisième salve.

Cette fois, il fut plus chanceux. Le mortel rayon d'énergie concentrée happa le rocher en plein milieu, et une braise ardente s'étendit sur les flancs fissurés. La chose nuisible tenta de prendre la fuite. La masse énorme pivota lourdement, mais le coup au but de Paol ayant transformé sa partie médiane en un enfer bouillonnant, la roche se disloqua. Puis, comme si le brasier s'était frayé un chemin jusqu'à un réservoir caché, elle explosa dans une boule de feu d'une luminosité insoutenable.

Dans l'intervalle, le message du lieutenant avait été reçu par les deux vaisseaux halutiens. On avait constaté depuis plusieurs minutes l'absence de Lansbury et Haines, et remarqué les tirs radiants. Les systèmes de localisation des deux unités, qui venaient seulement d'être activés, avaient enregistré l'approche d'un groupe d'au moins un millier d'objets, toutefois une grande confusion régnait encore au sujet des différentes observations et de leur interprétation. Il fallut ce qui était incontestablement un appel au secours de Paol pour que la lumière se fît dans les esprits.

La situation était grotesque. Alors qu'il flottait dans le vide absolu de l'espace intergalactique, à cinq millions d'années-lumière de l'étoile la plus proche, un vaisseau terranien se retrouvait attaqué par des entités dont on ne savait s'il s'agissait des astronefs d'une race étrangère ou des représentants eux-mêmes de cette race. Toute tentative d'interprétation rationnelle de ce cas plaçait humains et Halutiens face à un problème insoluble. La probabilité d'occurrence d'un tel événement était rigoureusement égale à zéro – et pourtant c'était en train de se produire, ici et maintenant, sous les yeux de tous.

Par bonheur, personne ne s'avisa de gaspiller du temps en s'efforçant de comprendre logiquement ce qui arrivait. La nouvelle de l'agression de la nef amirale se répandit comme une traînée de poudre à travers les ponts surbaissés entre lesquels les hommes, engoncés dans leurs spatiandres de combat et serrés comme des sardines, étaient déjà installés dans la position qu'ils conserveraient jusqu'à la fin du voyage historique de plus de vingt-sept millions d'années-lumière.

Ce fut une déferlante d'indignation. La colère envahit les Terraniens qui venaient à peine, le cœur lourd, de se séparer de leur vaisseau. Quelques minutes après l'appel de Paol, les hommes du *Krest* avaient commencé à se faufiler entre les niveaux vers les sas des unités halutiennes, et quelques secondes après que le lieutenant Haines eut vaincu son premier ennemi en combat rapproché, ils jaillirent par centaines des écoutilles pour tomber en direction du bourrelet équatorial de l'ultracroiseur, telles autrefois les compagnies de parachutistes sautant des massives carlingues des transports de troupes.

*
* *

Paol s'accorda un instant pour examiner son membre endolori. Il ne doutait pas d'avoir été victime d'un tir adverse. Un coup au but d'une arme qui fonctionnait sans manifestation visible et ne provoquait pas le fulgurant effet douloureux caractéristique des radiants terraniens. Il tenta de remuer son bras, et se sentit rassuré en y parvenant. Une souffrance diffuse lui fouaillait encore l'épaule, mais ses muscles lui obéissaient et ses doigts bougeaient librement.

Il perçut brusquement un brouhaha dans son récepteur de casque. Levant les yeux, il découvrit au-dessus de lui, à plus d'un kilomètre de distance, une brillante tache lumineuse jaune pâle. Il respira : son message avait été reçu. La clarté jaillissait du sas ouvert de l'un des vaisseaux halutiens.

Une voix puissante couvrit le murmure.

— Roi Danton – prenez cinquante hommes et tâchez d'occuper quelques pièces d'artillerie. Les autres avec moi !

Paol identifia instantanément celui qui venait de s'exprimer – Perry Rhodan en personne. Il s'empressa alors de préciser sa position et la façon dont les agresseurs se répartissaient dans les limites de son champ visuel, y ajoutant un avertissement contre l'arme traîtresse de l'adversaire. Puis une avant-garde d'une demi-compagnie apparut devant ses yeux, et il se joignit à eux lorsqu'ils se déployèrent le long de la coque du navire pour se ruer à la rencontre de l'ennemi tous propulseurs dorsaux activés.

On ignorait tout de l'adversaire : sa mentalité, ses plans, sa puissance et même son effectif. Toutefois il devint patent, en l'espace de quelques minutes, qu'il paraissait déterminé à accepter le combat. Plus encore, il semblait décidé à prouver ici et maintenant aux Terraniens qui s'avançaient effrontément qu'il était le plus fort en leur donnant une leçon pour leur apprendre que toute résistance était vaine.

Les épaves incandescentes des deux rochers dérivaient à environ deux kilomètres du *Krest* en répandant une clarté spectrale dans laquelle les troupes adverses brillaient comme des étincelles cramoisies. L'avant-garde terranienne s'était disposée afin de leur barrer le chemin. Quelqu'un lança un ordre. Les radiants entrèrent en action. La bataille avait commencé.

C'était un affrontement sinistre et silencieux, à l'exception des bruits qui sortaient des récepteurs des casques. Les combattants n'étaient que de minuscules points émettant un reflet rougeâtre qui trouait les ténèbres par ailleurs totales, l'ami ne se différenciant de l'ennemi que parce que l'un était aussi petit que l'autre était grand.

Un cri retentit.

— Je ne peux plus bouger ! hurla quelqu'un.

Les embouchures des radiants flamboyaient sans discontinuer. Des soleils écarlates surgirent au milieu de la noirceur. Des astéroïdes explosaient en silence dans un jaillissement de matière pulvérisée, fondue ou sublimée. Deux pans de roche effilés d'au moins trente mètres de long chacun, larges de dix mètres sur leur arrière, se dirigèrent droit sur Paol. Poussant son propulseur à pleine puissance, l'officier se rua à leur rencontre. Juste avant d'atteindre son adversaire le plus proche, il effectua une virevolte en ouvrant le feu. La première salve suffit à transformer le flanc de la chose en un volcan en éruption. Elle éclata presque aussitôt, aspergeant le lieutenant d'une pluie de fragments ignés dont plusieurs heurtèrent l'écran protecteur du spatiandre de combat. La deuxième falaise volante réagit avec une promptitude à laquelle le Terranien ne s'était pas attendu. À peine la sphère brasillante de son congénère avait-elle commencé à perdre de sa brillance qu'elle chargea à grande vitesse au travers des débris rougeoyants, obligeant son adversaire à renoncer à la manœuvre primitivement envisagée. Paol fit feu, évaporant la pointe de l'agresseur malgré la distance supérieure à cent mètres, mais sans autre résultat : le bloc minéral ne parut aucunement affecté par cette amputation et poursuivit son approche. Une seconde plus tard, l'homme éprouva de nouveau la sensation de paralysie qu'il avait déjà subie une première fois, avec cette différence qu'elle se répandait à présent dans tout son organisme.

Il tira tout en appuyant spasmodiquement son pouce sur la détente. L'assaillant se constella de taches fondantes ou se sublimant en fines volutes de gaz ; cependant, de si près, l'officier ne voyait plus qu'une petite portion du rocher, et une grande partie de l'énergie qui se déversait de son radiant se dissipait dans l'espace.

Paol était presque dans l'incapacité de déplacer le bras pour suivre la trajectoire de l'adversaire avec le canon de son arme. Un curieux accès de faiblesse et de résignation l'avait saisi. Il ressentait une puissante envie d'abandonner, et c'était ce qu'il aurait fait si une petite voix montant du tréfonds de sa conscience ne l'exhortait pas à réagir, clamant que s'il cessait d'attaquer, il était fichu. Il continua à tirer, toutefois le rayonnement dont l'arrosait l'ennemi et qui traversait sans peine le bouclier énergétique de sa combinaison spatiale gagnait en intensité, et il n'eut bientôt plus assez de force pour maintenir de son doigt ganté une pression suffisante sur la détente.

Il aurait été perdu si deux silhouettes non identifiées n'étaient pas intervenues au dernier moment. Elles se trouvèrent soudain à ses côtés, submergeant la masse rocheuse d'une grêle de feu qui la fit exploser en quelques secondes. Puis les deux sauveteurs s'éloignèrent pour aller affronter un autre adversaire. Le lieutenant Haines resta là, paralysé. Il n'apprit jamais à qui il était redevable de sa vie.

L'effet engourdissant de l'arme étrangère ne se dissipa que petit à petit. Plusieurs minutes s'écoulèrent avant que sa main redevînt suffisamment obéissante pour qu'il puisse à nouveau se servir de son radiant. Il eut beaucoup de chance : le sinistre combat silencieux fulminait dans les ténèbres autour de lui, mais en dehors de quelques débris expulsés d'un astéroïde détruit, rien ni personne ne s'approcha de lui. Il eut tout le loisir d'observer les alentours et de déduire l'évolution du cours de la bataille en fonction de l'éloignement et du nombre des explosions.

L'affaire prenait mauvaise tournure. La gigantesque coque du *Krest*, illuminée d'une clarté rouge sombre par les ennemis abattus, paraissait se dresser juste à côté de Paol. Ce dernier savait que dans l'espace les estimations de distance étaient sujettes à caution, toutefois il jugea que l'ultracroiseur n'était pas à plus de huit cents ou mille mètres de lui. Or, l'engagement avait débuté à plus de deux kilomètres du vaisseau. L'agresseur gagnait donc du terrain. D'après le nombre des éclairs, dont chacun correspondait à un tir de radiant, le lieutenant en conclut que les renforts étaient arrivés : les effectifs humains qui s'efforçaient actuellement de contenir l'adversaire s'élevaient approximativement à quinze cents ou deux mille astronautes. Mais le combat qui faisait rage avait l'air de s'étendre graduellement tout autour de l'immense sphère de terkonite. L'officier se demanda avec désespoir comment la situation se présentait de l'autre côté.

Il eut soudain honte de sa fatigue. Il n'avait pas le droit de rester là, à flotter sans rien faire en s'apitoyant sur lui-même. Il devait se rendre utile. Tout le monde devait agir.

Rallumant son réacteur dorsal, il s'élança à vélocité maximale vers l'endroit où l'engagement lui semblait le plus intense. Passant non loin d'un rocher dont la pointe fondue rougeoyait, il en balaya le flanc avec le faisceau d'énergie de son radiant et un nouveau soleil, aussi artificiel qu'éphémère, illumina bientôt l'espace. Paol s'écarta d'une forme sombre qui fonçait sur lui à la vitesse d'un boulet et la regarda disparaître dans les ténèbres. Il eut tout juste le temps de reconnaître un spatiandre en lambeaux.

La vue du premier mort produisit sur lui un surprenant impact, le plongeant en une sorte de transe légère dans laquelle il était à peine conscient de ses actes, et en même temps animé d'une détermination et d'une promptitude presque inégalables. Il se comporta à l'instar d'une machine – rapide, précis et insensible. Il vint en aide à deux hommes confrontés à un groupe de trois êtres minéraux et dont les mouvements laissaient augurer des premiers symptômes de la paralysie. Il piqua latéralement sur les trois agresseurs, anéantissant l'un d'entre eux dès sa première salve. Les deux autres, abandonnant leurs proies actuelles, se tournèrent vers lui. Paol, dont la position lui donnait l'avantage, abattit le deuxième sans grande difficulté. Le dernier le fouailla de son rayon inhibiteur mais, avant que l'effet n'en devînt sensible, les deux soldats s'en mêlèrent et le détruisirent.

L'affrontement se poursuivait. Néanmoins, on eût dit que pour chaque rocher qui disparaissait dans une flamboyante déflagration, deux autres surgissaient des ténèbres. L'intervalle séparant le front de la bataille de la coque de l'ultracroiseur diminuait alors qu'augmentait le nombre de silhouettes inertes dérivant dans le vide, leurs spatiandres déchiquetés.

Le lieutenant Haines avait l'impression que la confrontation durait depuis une éternité lorsqu'il entendit tout à coup une voix rugir dans les écouteurs de son casque.

— Appel général ! Les principaux canons du *Krest* sont en batterie. Quand je dirai « feu », écartez-vous en vitesse de l'adversaire pour nous libérer le champ de tir. Je compte... Cinq... Quatre...

Paol déplaça son bras gauche engoncé dans le lourd équipement et tâtonna après le clavier de commande, posant l'extrémité de son doigt sur le bouton d'initiation afin de ne pas perdre une fraction de seconde.

— ... Deux... Un... Feu !

Il enfonça le contact. Le générateur protesta sous l'effet de l'accélération brutalement exigée. L'image que l'officier avait sous les yeux se modifia brusquement : les éclairs rouges de la bataille s'éloignèrent vers le bas, en même temps que glissait la coque du *Krest* quand Paol fila en se rapprochant de la coupole polaire. Arrivé en contrebas de celle-ci et presque à toucher le vaisseau, il suspendit sa course afin de se maintenir en dehors de l'angle de tir de l'armement lourd. Après quoi il regarda en dessous de lui, s'interrogeant sur ce que l'adversaire pensait à cette même seconde. Se doutait-il des capacités du navire ? Saurait-il interpréter correctement la manœuvre d'écartement des Terraniens ?

L'immense surface convexe flamboya soudain. Comme si une fantastique déflagration l'avait entièrement rongée de l'intérieur, la paroi sphérique s'illumina – pendant une fraction de seconde et en des dizaines d'endroits – d'une mortelle clarté d'un bleu-blanc aveuglant.

Au même instant naquirent autour de la nef géante des centaines, puis des milliers de boules écarlates en expansion rapide. Les faisceaux radiants de plus d'un mètre d'épaisseur et concentrés au point de n'avoir quasiment aucune dispersion angulaire, jaillis des colossales tourelles d'armement, ne devenaient visibles qu'en touchant leurs cibles.

Le lieutenant tenait la réponse à sa question : l'ennemi n'avait pas su deviner le motif du brusque éparpillement des astronautes. Il n'avait pas compris que cela signifiait un danger, et était resté sur ses positions. Le balayage des décharges énergétiques des batteries lourdes avait exterminé les roches vivantes comme une procession de fourmis sous les semelles de bottes. Une unique salve avait déclenché au moins trois mille explosions rien que dans son champ de vision, estima Paol. Il n'avait aucune idée du nombre total d'agresseurs, mais même s'ils avaient été des dizaines de milliers, la destruction en une seule rafale d'une pareille quantité des leurs ne pouvait que leur donner sérieusement à réfléchir.

Les canons parlèrent une seconde fois, et le contraste avec l'effet des premiers tirs fut saisissant. Les flots thermo-énergétiques se dissipèrent dans le néant sans le moindre résultat, pas la plus petite déflagration : l'ennemi avait été anéanti – ou s'était enfui.

Le combat était terminé. Le moment du rassemblement était venu.

Des ordres traversèrent l'éther : les officiers regroupaient leurs pelotons, bataillons et compagnies. Les hommes commencèrent à regagner les deux navires des Halutiens. Ce ne serait qu'ensuite que l'on pourrait procéder au recensement et établir le nombre des victimes de cette opération.

Opération ayant consisté à défendre un vaisseau spatial qui avait de toute manière déjà été abandonné, songea Paol, furieux.

Il perçut soudain l'appel de son nom.

— Ici Lansbury. Haines, m'entendez-vous ?

L'interpellé accusa réception.

— J'ai besoin d'aide, expliqua le major. J'ai ici quelque chose qui vaut la peine d'être vu. Ma position : environ deux cents mètres au sud du sas équatorial, à peu près à cinquante mètres de la coque du *Krest*.

Le lieutenant glissa vers le bas, pendant qu'autour de lui tout paraissait en faire autant dans la direction opposée. Quelqu'un le héla.

— Ordre du major Lansbury, signala-t-il. Je reviendrai après.

Quand il parvint dans les parages indiqués, le projecteur frontal de son supérieur s'alluma devant lui. Il se dirigea vers ce point et fut surpris d'entendre l'avertissement du major.

— Faites attention ! Ce truc est sacrément grand et dur.

Lorsqu'il tourna la tête, le cône de son propre projecteur balaya la surface d'un pan de roche d'environ cinq mètres de long. Sa première réaction fut la peur, toutefois Lansbury sembla avoir perçu le brusque arrêt de sa respiration.

— Je ne pense pas que cette chose représente encore un quelconque danger, le rassura-t-il. Ce n'est qu'un petit fragment, probablement le résidu d'une explosion. Il y a quand même largement matière à procéder à une analyse. Après tout, nous aimerions tous savoir contre quoi nous nous sommes battus, pas vrai ?

Paol manœuvra de façon à se trouver aux côtés du major. La pointe du bloc minéral était à deux pas de lui et, lorsqu'il en parcourut la surface avec son projecteur, il découvrit à quelques mètres de lui une étendue irrégulière et crevassée.

— J'ai révisé mon opinion, déclara Lansbury. La Pie a quelque chose à voir avec l'attaque. Nous devrions l'examiner également.

Ainsi le lieutenant Haines se retrouva-t-il une nouvelle fois à l'intérieur du *Krest*, après lui avoir fait ses adieux une heure plus tôt. Le groupe de Roi Danton, qui avait occupé les batteries défensives et procuré au combat un tour décisif, était reparti depuis longtemps. Le vaisseau était désert et mortellement silencieux, à l'exception du léger ronronnement des bandes transporteuses.

L'officier se dirigea vers la centrale de commandement et ouvrit le panneau donnant accès à la salle de distribution. Illht était toujours là, dans la position où ils l'avaient laissé. Le corps était plutôt lourd, et Paol dut s'aider de son antigrav pour l'emporter jusqu'au sas.

Il fut cette fois trop accaparé par d'autres pensées pour éprouver de nouveau, avec la clarté nécessaire, le sentiment d'être la dernière créature vivante à parcourir les sacro-saintes coursives. Il franchit l'écoutille extérieure, qui se referma immédiatement derrière lui conformément à la programmation du mécanisme d'ouverture, et découvrir Lansbury, qui l'attendait devant le sas avec son butin, lui fit plaisir.

Ils planèrent de concert le long de la coque du vaisseau géant. La masse du caillou étant considérable, Lansbury dut pousser son propulseur à la limite de sa capacité pour atteindre une vélocité acceptable.

L'entrée brillamment éclairée de la nef halutienne vint à

leur rencontre. Déposant la Pie à la surface du rocher, Paol assista le major dans le transport de l'objet pour réduire la durée du parcours, de sorte qu'ils rejoignirent le sas rapidement et à allure modérée. Le champ de gravitation artificielle du navire les saisit, eux et leurs proies. Le bloc de pierre heurta lourdement le sol et se brisa en deux parties.

Ce fut le premier regard que les hommes purent jeter sur l'intérieur d'un de ces mystérieux objets. Il n'y avait pas le moindre vide : toute la chose était constituée de matière solide, une substance minérale qui, à la lumière des lampes plafonnières, scintillait dans toutes les couleurs du spectre.

Paol se souvint de la confusion qu'il avait ressentie au moment où il avait aperçu les premiers astéroïdes. La situation lui était apparue tellement absurde qu'il lui avait semblé parfaitement plausible de considérer les masses rocheuses comme des créatures sapientes. Il avait appelé Lansbury : « Ils sont vivants ! Et vraisemblablement intelligents ! » – et ne s'était pas attardé sur la question. Ce ne fut que plus tard, après avoir récupéré du choc de la première rencontre, qu'il avait reconsidéré son appréciation comme hâtive. Ces objets étaient assez grands pour être des engins spatiaux. Ce n'étaient pas les dieux des Pies, les Rrhaal eux-mêmes, mais seulement les moyens de transport dont ces entités se servaient. Cette conjecture, avait-il jugé, possédait l'avantage sur la précédente d'une bien meilleure crédibilité, et il l'avait adoptée.

Jusqu'à maintenant.

Jusqu'à l'instant où il découvrit que le bloc de roche était formé de matière solide et compacte, et qu'aucune cavité n'existait dans laquelle l'hypothétique équipage aurait pu résider – à moins qu'il ne se fût agi d'organismes microscopiques.

Il nota que Lansbury scrutait la chose avec autant d'attention que lui. Derrière l'épaisse visière du casque, il n'arrivait pas à interpréter l'expression de son visage, mais il pressentit que les pensées qui traversaient l'esprit du major étaient similaires, sinon identiques, aux siennes.

Leur rêverie fut perturbée. Une voix grave et ferme résonna dans leurs casques.

— Major, j'attends votre rapport !

Paol leva les yeux. Face à lui, le regard braqué sur Lansbury, se dressait une grande silhouette en spatiandre de combat, au maintien digne et imposant. Il aperçut, à travers la visière du casque, des traits marqués qu'il reconnut sur-le-champ. Il leva le bras et salua, imité par son supérieur qui s'annonça :

— Major Lansbury et lieutenant Haines, présents, Monsieur !

— Mais encore ? fut la question en réponse.

— Je... je ne comprends pas, Monsieur...

— Vous n'êtes pas rentrés seuls. Vous avez ramené quelque chose.

— Oui, Monsieur. Un fragment de l'un des rochers et le cadavre de la Pie qui s'était glissée à bord du *Krest*.

— Vous avez l'intention d'examiner l'un et l'autre ?

— Avec l'assistance de quelques xénologues – oui, Monsieur.

— Étiez-vous donc pressé au point de ne pas adresser une demande formelle à vos supérieurs ?

— Pas exactement, Monsieur. J'ai craint qu'en pareil cas ma requête ne soit remontée jusqu'à vous et que vous soyez trop occupé pour vous préoccuper d'une telle chose.

— D'une telle chose ? répéta la voix moqueuse. Ne vous est-il jamais venu à l'esprit qu'un seul gramme de cette substance à l'apparence minérale est peut-être capable de contaminer un vaisseau de haut en bas, remettant ainsi en cause notre retour chez nous ?

La question était calme et objective – une vraie question exigeant une réponse, une accusation s'achevant par un point d'interrogation. Lansbury se tenait droit et rigide, comme un homme conscient de ses actes.

— Si, Monsieur – j'ai pris en compte cette éventualité, se justifia-t-il. Concernant la Pie, je n'avais aucun doute, étant donné que le lieutenant Haines a eu de nombreux contacts avec ces créatures sans ressentir le moindre désagrément. Pour ce qui est du caillou, j'ai estimé ne prendre aucun risque inutile tant que je ne l'amenais pas vraiment à l'intérieur du navire. Mon intention était de procéder à l'étude de cet objet ici même, dans le sas et sous vide.

— La chambre atmosphérique pourra être décontaminée, après cela ?

— C'était également mon intention, Monsieur.

— Vous êtes sûr que les connaissances que nous tirerons de cet examen justifient de retarder notre départ ?

— Non, Monsieur. Mais je suis certain que même une petite chance vaut de tenter le coup.

Un court silence succéda à ces paroles. Puis Perry Rhodan déclara :

— Major, je vous prie de respecter à l'avenir la voie hiérarchique. Nonobstant ce point, j'accepte votre raisonnement et je vous accorde cinq heures, ainsi qu'une équipe de dix xénologues, pour lever le voile du mystère autant que vous pourrez. C'est tout.

Paol et Lansbury saluèrent. La grande silhouette pivota avant de regagner l'intérieur du vaisseau. Le major lança un regard à son subordonné tout en émettant un sifflement.

Le lieutenant se sentit à la fois soulagé et impressionné. Soulagé parce que les arguments de son supérieur avaient suffi pour convaincre le Stellarque, et impressionné par l'énergie de cet homme qui conservait son sang-froid même au milieu des pires catastrophes pour se préoccuper personnellement des choses qu'il estimait les plus importantes.

*
* *

Le combat pour sauver le *Krest IV* avait été meurtrier : plus de cinquante hommes avaient payé de leur vie pour préserver le vaisseau abandonné. Ils dérivaient actuellement avec leurs spatiandres dans le vide de l'espace, et dans plusieurs millions d'années ils y seraient encore, derniers témoignages d'une bataille dépourvue de sens.

Du moins, si on la considérait du point de vue de la logique.

Mais cet affrontement avait été tout sauf logique, et le jauger uniquement selon cet angle était commettre une injustice envers ceux du *Krest*. En réalité, la nef amirale de l'Empire Solaire s'était muée en un mémorial.

En défiant les astéroïdes, ils avaient célébré un requiem – et plus de cinquante d'entre eux n'étaient pas revenus. C'était le plus lourd tribut payé en une seule fois par les Terraniens depuis le début de leur odyssée dans M 87, représentant à ce jour plus d'un tiers du total des pertes en vies humaines.

Parmi les rescapés, il y avait un soldat à qui nul n'aurait accordé la plus petite chance de survie quelques heures plus tôt : Eller Mainart. Il n'avait certes pas participé au véritable engagement, mais le coup de bec d'une Pie était bien plus meurtrier que les rayons paralysants émis par les pierres mystérieuses. Le sergent avait néanmoins été ramené à temps à bord de l'un des vaisseaux halutiens, de sorte qu'un groupe de médecins qui, sur Homeside, avait étudié à fond la nature du venin des aviens avait été capable de neutraliser *in extremis* la substance toxique, sauvant ainsi les jours de Mainart.

*
* *

Pour analyser une forme de vie complètement étrangère, cinq heures constituaient un délai ridiculement court. Toutefois Lansbury, réunissant ses dix xénologues, leur laissa clairement entendre en une douzaine de mots bien sentis qu'il leur demanderait personnellement des comptes à chacun s'ils ne donnaient pas leur maximum et au-delà pour, sinon résoudre l'énigme, au moins s'approcher aussi près qu'il se pouvait de la solution.

Aussi l'étude du morceau de pierre ne se déroula-t-elle pas exactement dans une ambiance collégiale scientifique optimale ; mais la stratégie du major s'avéra payante.

Le premier constat que l'on fit était que, contrairement à l'apparence offerte au premier regard, le matériau constitutif de la roche ne s'était pas formé selon le schéma semi-aléatoire des corps inertes. La chose était un amalgame d'éléments variés dont la juxtaposition obéissait à une certaine logique. Si le revêtement extérieur se révéla majoritairement être une substance minérale ordinaire composée d'oxygène, azote, carbone, hydrogène, silicium, fer, manganèse et autres impuretés métalliques, il renfermait, reliés à la partie interne par de minces filaments de métal presque pur, des nodules grands comme des noisettes et dont la nature résista aux examens préliminaires. Ils furent qualifiés de pores – appellation basée sur une hypothèse dont on s'aperçut plus tard qu'elle était complètement erronée.

La découverte d'une inclusion de ferronickel partant de la base du plus gros fragment, donc du plan de cassure original, provoqua l'effervescence générale. Dans l'objet entier, cette inclusion avait certainement été de taille sensiblement plus importante, et l'explosion n'en avait épargné qu'une parcelle. L'inspection détaillée montra que les filaments métalliques provenant des soi-disant pores pénétraient dans le bloc de ferronickel pour y suivre des trajets qui, en des centaines de milliers d'endroits, adoptaient la forme de minuscules spirales.

La fonction de cette inclusion aurait pu rester un secret jusqu'à la fin de l'éternité sans que quiconque eût mérité un reproche pour cela. Relativement à l'aspect extérieur de son implantation, elle était en effet si indiciblement singulière, si radicalement différente de toutes les observations jamais consignées par le meilleur des xénologues, que les techniques usuelles d'analyse comparative échouèrent lamentablement.

Il fallut une étincelle divine, un éclair de génie, bref, cette illumination visionnaire qui traverse l'esprit d'un chercheur une fois seulement par siècle et durant une infime fraction de seconde pour le mettre sur la voie d'une découverte fondamentale.

Cette étincelle profita à un spécialiste, expert qui jamais ne se fit un nom, ni avant ni plus tard, et qui ne contribua à l'avancement des connaissances de son domaine que par la présente trouvaille concernant l'inclusion d'une masse de ferronickel dans le corps d'une créature étrangère.

Il assimila les courbes spiralées des filaments métalliques à des bobinages. Il ôta le fragment de ferronickel enveloppé par l'un de ces circuits hélicoïdaux dans le vague espoir que son analogie se poursuivrait, et que l'élément s'avèrerait être le barreau d'un aimant. En plus de cela, il lui fallait postuler que les fils de métal étaient effectivement porteurs d'un courant électrique, sinon sur toute leur longueur, du moins sur une certaine distance.

Sa supposition s'avéra exacte. L'échantillon de substance extrait se révéla constitué de milliers de microscopiques grains. Chacun de ceux-ci, de forme approximativement cubique, mesurait environ un demi-micromètre de côté et représentait un composant ferromagnétique élémentaire dont le moment magnétique était dépendant de l'application d'un champ inductif extérieur. Selon la direction du flux parcourant la bobine, ce moment pouvait s'orienter dans un sens ou dans l'autre, aucune autre disposition n'étant possible. Autrement dit, chaque cube était l'équivalent d'un des tores de ferrite constituant les mémoires des tout premiers ordinateurs du milieu du vingtième siècle. Il ne pouvait prendre que deux valeurs, soit 0, soit 1 – ou bien soit noir, soit blanc, en fonction du symbolisme utilisé. C'était le cousin, et du bit des calculatrices positroniques, et du « Mnêmon », ainsi que les physiologistes nommaient l'unité mémorielle chimiquement contrôlée du cerveau humain.

En conséquence, le bloc de ferronickel, quand il était entier, devait constituer le « cerveau » du rocher. D'où s'ensuivait une nouvelle signification pour les filaments et les soi-disant pores. Ces derniers – pas tous, mais la plupart d'entre eux – étaient sensibles aux rayonnements. Ils réagissaient non pas à la lumière, car dans cette gamme de fréquences il y avait bien peu d'énergie traversant la noirceur de l'espace intergalactique, mais aux rayons X et cosmiques. Les radiations incidentes engendraient à l'intérieur des pores une différence de potentiel, qui à son tour générait un courant électrique. Celui-ci parcourait les centaines de milliers de filaments métalliques jusque dans le cerveau et à travers lui, y enregistrant les informations dont il était porteur par la polarisation correspondante des micro-aimants. Dans ses grandes lignes, le schéma fondamental était équivalent à celui du stockage des connaissances dans le cerveau humain ; seul le mécanisme variait.

D'autres pores, comme on le constata, étaient reliés à des fils de section plus importante et servaient de toute évidence à alimenter la créature exotique. Le rayonnement cosmique était vecteur d'une énergie non négligeable et les pores qui ne servaient pas à la perception recueillaient cette énergie, la convertissant et la transmettant à l'intérieur de l'organisme où elle était consommée dans le fonctionnement des différents processus corporels. De plus, si vide que soit le gouffre entre les galaxies, il contenait néanmoins des atomes, des molécules, des poussières. Les astéroïdes ramassaient ces infimes quantités de matière, qui étaient collectées par certains pores constituant une sorte de système digestif d'une formidable efficacité. Le gaspillage était en effet quasiment réduit à zéro : si chaque gramme de nourriture utilisée laissait dix grammes de déchets, ceux-ci étaient invariablement recyclés, leur substance finissant toujours par trouver un usage à un moment ou à un autre.

L'une des questions les plus importantes reçut ainsi sa réponse. On connaissait la nature du cerveau des créatures minérales, et on disposait d'une représentation cohérente de leur système métabolique. On comprit pourquoi les Rrhaal étaient capables de vivre paisiblement dans les profondeurs glacées et ténébreuses de l'espace intergalactique. Le Grand Vide était leur univers. La Nature les avait créés ici – à partir de poussières cosmiques.

Les autres examens s'avérèrent beaucoup moins fructueux. Mis à part le cerveau, cet organisme renfermait des douzaines de petites inclusions, toutes sans exception « irriguées » par le réseau circulatoire de filaments métalliques, mais fibres nerveuses et alimentaires paraissaient s'y confondre. Les composés constitutifs de ces nodules résistèrent obstinément à toutes les analyses, et tout ce qui put être établi fut leur extraordinaire densité associée à une légère radioactivité.

Pendant ce temps, quelques-uns des xénologues avaient entrepris d'autopsier la Pie morte. Dans son excès de zèle, Lansbury ne leur avait pas facilité la tâche : Illht avait été exposé au vide sans protection, et partout étaient visibles les symptômes de la décompression explosive en dépit du fait que l'avien n'avait été sorti de l'atmosphère du *Krest* que plus d'une heure après sa mort. Le travail consistant à ouvrir le crâne pour atteindre le cerveau fut rien moins qu'appétissant – et quand enfin l'encéphale devint accessible, il s'avéra que les scientifiques avaient presque entièrement perdu leur temps. La brutale évaporation des fluides sanguins avait déchiqueté les parois des vaisseaux, provoquant de considérables dommages au sein de la matière cérébrale.

Un détail sembla toutefois apparent au premier regard : Illht ne pouvait en aucun cas être une créature intelligente !

Il existait près de cent critères, tels que la structure de l'encéphale, son volume, sa masse et d'autres caractéristiques encore, permettant de répondre à la question de savoir si le propriétaire du cerveau devait ou non être classifié comme un être sapient. Dans le cas de la Pie, tous étaient négatifs.

Pourtant, le fait était que l'avien s'était servi d'un langage articulé, qui en outre avait pu être reconstitué et déchiffré. Il était tout aussi flagrant que lui et d'autres êtres de sa race utilisaient des outils et travaillaient les matériaux bruts pour fabriquer des objets non directement destinés à leur propre survie. Les critères d'intelligence xénologiques étaient incontestablement positifs, et comme ils étaient aussi valables que les éléments physiologiques, face à la question de décider si oui ou non les Pies de Homeside étaient des créatures sapientes, on se retrouvait dans une impasse.

Jusqu'à ce que Paol Haines émette la suggestion de disséquer le reste du crâne en dehors du cerveau proprement dit. Alors l'un des xénologues, après avoir suivi le conseil, découvrit à proximité directe de l'extrémité de la moelle épinière une boule dure dont la matière était apparemment identique à celle qui composait les inclusions secondaires dans le corps du Rrhaal.

Suite aux détériorations consécutives à la décompression, il ne put être attesté que la petite sphère grise avait été connectée à l'encéphale, néanmoins son emplacement rendait la chose très vraisemblable. Une observation de la surface extérieure du crâne, effectuée au microscope à rayons X, montra clairement qu'Illht avait subi une intervention chirurgicale à la base du cou, et ce au cours de sa prime jeunesse. Un fragment carré d'os avait été découpé puis remis en place. La plaie avait parfaitement guéri et était à peine discernable. L'incision mesurait trois centimètres et demi de côté, tandis que le nodule minéral accusait un peu moins de trente millimètres de diamètre. Il ne faisait pratiquement aucun doute que l'opération avait eu pour but d'insérer le corps étranger dans le crâne de l'avien.

Cette découverte servit de point de départ à des dizaines d'hypothèses. Cependant, au cours des dernières minutes du délai accordé par Perry Rhodan à Lansbury et à ses xénologues, une seule fut sérieusement discutée.

La sphère grise fut l'élément qui résolut le paradoxe de la contradiction entre les critères d'intelligence physiologiques et xénologiques. À l'état naturel, les Pies n'étaient que de simples animaux, et probablement existaient-elles par millions, dispersées sur tout Homeside. Seule une infime minorité, environ quatre mille, avaient été sélectionnées pour recevoir le composant qui les rendait capables de raisonner. C'était pour cela qu'Illht s'était montré si embrouillé au sujet du cycle des générations. Leur intelligence, artificiellement greffée, n'était pas héréditaire. Le village dans la cuvette n'accueillait pas ses nouveaux habitants selon le processus habituel : les jeunes Pies venaient du lieu – quel qu'il fût – dans lequel la sphère leur avait été insérée à l'intérieur du crâne.

En résumé, les aviens n'étaient que des robots, créatures au service d'une puissance supérieure qui les utilisait comme ses outils. Et cette puissance supérieure avait un nom qu'on connaissait.

Les Kii-jieuh-rrhaal.

Ceux-qui-planent-au-dessus-de-nous…

*
* *

À l'issue de la cinquième heure, ils avaient rouvert le sas puis expulsé le cadavre d'Illht et les deux morceaux de roche. Après qu'ils les eurent regardés pendant un moment s'éloigner dans l'espace, l'écoutille se referma et le système de décontamination automatique entra en action. La chambre de décompression et tout ce qui s'y trouvait – Lansbury, Paol Haines, les xénologues, les instruments – furent soumis à un nettoyage approfondi. Ensuite seulement les douze hommes furent autorisés à réintégrer l'intérieur du vaisseau et à s'installer ou récupérer les places qui leur étaient allouées : deux mètres carrés de surface au sol par personne avec une hauteur de plafond atteignant à peine un mètre, sur un plancher déjà encombré de centaines de Terraniens serrés les uns contre les autres.

Paol se casa aussi confortablement que possible. Glissant bras et jambes hors des extrémités correspondantes du spatiandre de combat, il se lova de sorte que sa combinaison se transforme en un sac de couchage. Le mieux qu'il avait à faire était de se reposer au maximum et de s'efforcer de dormir. Il ne pouvait de toute façon aucunement prendre part aux opérations à venir, et pas davantage y assister en simple spectateur : les ponts intermédiaires n'étaient équipés d'aucun écran sur lequel les hommes auraient eu le loisir de regarder la brume écarlate de l'hyperespace remplacer le noir absolu de l'espace intergalactique, s'installant en un fond rougeâtre auquel succèderait en fin de voyage le fourmillement multicolore des étoiles de la Voie Lactée natale.

Dormir était vraiment la solution la plus raisonnable.

Paol était fatigué et moulu, et pourtant il éprouva beaucoup de mal à trouver le repos. Il gambergea sur les Pies ; sur Imrrhi, le roi ; sur Illht, son porte-parole ; et sur leur singulière relation avec les Rrhaal. Était-il envisageable, à partir des quelques éléments dont il disposait, de reconstituer l'enchaînement logique des péripéties qui s'étaient déroulées sur Homeside, puis presque cinq millions d'années-lumière plus loin ?

Les aviens possédaient des facultés télépathiques, il le savait. (Il sourit en songeant à ce que Lansbury s'était imaginé lorsqu'il lui avait communiqué ce dont il s'était rendu compte peu après le décollage du *Krest*.) Par conséquent, ils avaient été au courant des projets des Terraniens aussitôt qu'ils avaient mis la main sur le technicien Ovidio Gonzales.

Les étranges signaux que lui-même, et plus tard un autre officier en poste à la détection, avaient repérés avaient-ils un quelconque rapport avec les événements ? Obligatoirement. Les sphères que les Rrhaal avaient implantées dans les crânes de leurs robots biologiques étaient composées d'un matériau non identifié. Il était donc cohérent de supposer que ces objets étaient dotés de propriétés inconnues. Les Pies étaient-elles capables de transmettre des messages aux Rrhaal ? Les impulsions captées étaient-elles simplement les dispersions radiatives des « chants » dont Illht avait parlé ?

Paol se rappela que la deuxième série n'était survenue que plusieurs heures après la capture de Gonzales. Si son hypothèse était exacte, il devait s'être agi de l'avis informant les Rrhaal des intentions des Terraniens – tandis que le premier avait servi à annoncer leur arrivée. Et si la seconde émission, retransmise au *Krest* grâce au relais installé sur son glisseur, avait été sensiblement plus nette que la précédente, c'était parce que le récepteur mobile se trouvait alors plus proche du point d'origine du message que l'antenne localisatrice de l'ultracroiseur.

Le mulot-castor n'avait pas été en mesure de percevoir chez les Pies la dispersion radiative des esprits intelligents. On pouvait en déduire que le principe opératoire du nodule gris ne consistait pas à renforcer les capacités cognitives et réflexives, mais l'assimilait probablement à une sorte de cerveau fonctionnant selon des bases que nul en dehors des Rrhaal ne comprenait. Si la configuration énergétique de la conscience artificiellement implantée pouvait avoir n'importe quel niveau de complexité, sa nature n'était évidemment pas quintidimensionnelle, ainsi que l'était la structure de toutes les intelligences connues, sinon L'Émir aurait été capable d'en saisir les émissions caractéristiques.

Les influx produits étaient tout aussi délicats à classer en tant que phénomènes énergétiques liés à des intelligences artificielles. La télépathie des aviens n'obéissait pas aux lois de la paraphysique. Les signaux qu'ils diffusaient, et dont les dispositifs localisateurs avaient capté la partie quintidimensionnelle, relevaient des lois de la mécanique schneiderienne, ainsi qu'avait été appelée la totalité des phénomènes de l'univers à cinq dimensions et plus, d'après le nom du théoricien – le professeur Schneider – qui avait récemment entrepris d'élaborer un modèle global et de réduire ces phénomènes en un système d'équations unifiées.

En d'autres termes, il était impossible de conclure quoi que ce soit sur la portée des deux messages « chantés » par les Pies. Les ondes quintidimensionnelles des hyperémetteurs s'affaiblissaient avec la distance, et le plus puissant des hypercoms fabriqués jusqu'à maintenant ne pouvait être reçu au-delà d'un éloignement atteignant un million d'années-lumière dans le vide intergalactique, ou moins de cent mille dans un environnement spatial correspondant à une densité stellaire moyenne.

Probablement le rayonnement schneiderien n'était-il pas soumis à de telles limitations. Il était fort possible que les chants des créatures ailées se propagent jusqu'à quatre, cinq ou six millions d'années-lumière dans le Grand Vide – sans délai mesurable.

Les Pies devaient avoir su que les Rrhaal souhaitaient entrer en possession d'un vaisseau spatial étranger. Quant au motif qui sous-tendait cette demande, cela resterait à jamais du domaine de la théorie. Ils avaient donc été informés que trois nefs – deux petites et une énorme – se trouvaient à l'intérieur de leur sphère d'influence, et que ces trois appareils s'arrêteraient, en un point dont les coordonnées n'étaient pas connues, pour se séparer l'un de l'autre. Tout cela, ils l'avaient appris du chant des aviens ayant enlevé Ovidio Gonzales.

Il ne leur restait plus qu'à découvrir où aurait lieu cette disjonction, étant donné que ce serait là la meilleure occasion pour une offensive. Pour résoudre ce problème, rien de plus simple : Illht s'était glissé à bord du *Krest* pour participer au voyage, pendant que la sphère insérée dans son crâne diffusait les signaux. Impossible de dire si les Rrhaal étaient en mesure de capter cette émission tant que l'ultracroiseur voguait dans l'espace linéaire, mais ils étaient certainement capables de différencier les impulsions provenant de l'entr'espace de celles qui étaient transmises directement dans le continuum einsteinien. Le « mouchard » d'Illht avait fonctionné plus d'une heure d'affilée dans l'espace normal ; alors, les roches vivantes avaient su que le moment décisif était arrivé.

Elles avaient donc attaqué.

Paol sentit que la fatigue prenait peu à peu le pas sur son excitation, et comprit qu'il ne tarderait plus à s'endormir. Il demeurait pourtant tellement d'énigmes à résoudre ! Les Rrhaal vivaient-ils réellement dans le vide entre les galaxies ? Ou bien existait-il quelque part un mystérieux corps céleste sur lequel ils habitaient ? Et en quel lieu les Pies « élues » recevaient-elles le nodule qui les transformait en robots intelligents ?

Autant de questions auxquelles personne ne pouvait répondre.

Un jour, un vaisseau terranien reviendrait dans cette région et s'attaquerait sérieusement à ce problème.

Un jour – dans dix mille ans ou quelque chose comme ça.

En attendant…

CHAPITRE V

23 septembre 2436 à 10 h 00, temps standard.

Les ancrages magnétiques se défirent. Les deux unités halutiennes se détachèrent de la coque du *Krest* avant de prendre position à trois cents kilomètres de part et d'autre de la nef amirale de l'Empire Solaire. Selon le système de coordonnées de la Voie Lactée, et en regardant dans cette direction, le navire d'Icho Tolot et Fancan Teik s'était placé à droite de l'ultracroiseur tandis que celui de Pinar Alto et Hisso Rillos occupait le côté gauche.

Dans les postes centraux de chacun des deux appareils se trouvaient non seulement les propriétaires, mais aussi les commandants suprêmes des troupes de l'Empire installées à bord : Perry Rhodan tenait compagnie à Icho Tolot pendant qu'Atlan, l'Arkonide, était avec Pinar Alto.

À 10 h 02, le Stellarque de Sol activa par radio le pilote automatique du *Krest*. L'immense astronef se mit en mouvement, et les deux sphères halutiennes le suivirent à courte distance.

Le temps passa vite. Trois heures plus tard à peine, la vélocité des trois appareils atteignait déjà un tiers de celle de la lumière.

L'instant de la séparation définitive survint à 13 h 25.

La disposition relative n'ayant pas changé, l'écho du faisceau de poursuite émis par le navire d'Icho Tolot reproduisait l'image de l'ultracroiseur sur le secteur bâbord de l'écran panoramique. Perry Rhodan dévorait cette image du regard : le *Krest IV* était *son* vaisseau. Il avait lui-même élaboré les spécifications suivant lesquelles il avait été construit. Il avait bataillé avec le Parlement pour obtenir l'attribution des sommes faramineuses que l'assemblage de cette nef allait engloutir. Il avait argumenté sans relâche pour convaincre l'un après l'autre ses adversaires que cette réalisation rapporterait mille fois ce qu'elle aurait coûté.

Il avait eu raison. Au cours des quelques années de son existence, le *Krest IV* avait fourni à l'Empire un butin totalisant une valeur d'au moins cent billions de solars, soit déjà deux cents fois l'investissement de départ, et participé de manière décisive à des actions défensives ayant permis d'éviter des dommages par suite d'interventions malveillantes dont le montant des réparations aurait été encore dix fois supérieur.

Le *Krest IV* était *son* vaisseau.

Il était 13 h 25 quand le Premier Terranien s'imposa le pénible effort de détacher son regard de l'écran pour adresser un signe de tête au géant Icho Tolot, assis près de lui aux commandes de son navire.

Il était 13 h 25 quand Atlan, incapable d'en supporter davantage, détourna les yeux de la vue de l'astronef qui portait le nom d'un des plus illustres représentants de la race arkonide pour adresser un signe de tête à Pinar Alto, également installé à la console maîtresse de son vaisseau.

Quelques secondes plus tard, les deux unités halutiennes disparaissaient dans la zone de libration. Elles laissaient derrière elles le *Krest IV* perdu dans les ténèbres infinies, désormais un vaisseau fantôme parti pour un long voyage de vingt-sept millions d'années-lumière.

*
* *

24 septembre 2436 à 20 h 03, temps standard.

Les deux sphères noires avaient effectué quatre étapes linéaires de cent cinquante mille années-lumière chacune. La bordure de la galaxie M 87 était à présent à cinq millions trois cent mille années-lumière derrière elles. Les blocs-propulsion des deux véhicules disposaient encore d'une autonomie de neuf cent mille années-lumière – largement plus qu'assez pour rejoindre la Terre depuis n'importe quel endroit de la Voie Lactée ou de sa périphérie où les ferait resurgir le voyage transdimensionnel.

Le grand moment était venu.

Les contrôles des convertisseurs paratroniques furent vérifiés une dernière fois, sans qu'aucune anomalie ne soit détectée. Même si cette situation n'était en rien une garantie que les dispositifs fonctionneraient conformément aux attentes, le constat eut quelque chose de rassurant. Une évaluation basée sur le nombre total de manipulations auxquelles les Constructeurs du Centre étaient susceptibles d'avoir procédé en vue de piéger les deux nefs halutiennes avait conclu que vingt-cinq pour cent d'entre elles auraient dû être identifiables suite à une défaillance des contrôles de pilotage.

Autrement dit, on avait un quart de certitude que les paratrons amèneraient les vaisseaux à destination. Les soixante-quinze pour cent restants constituaient le facteur d'incertitude.

Le séjour à l'intérieur de la bulle paratronique ne durerait que quelques secondes. L'enveloppe hyperénergétique procurerait aux navires ce qui aurait équivalu, ramené à la classique équation distance-temps, à une vitesse de plusieurs billions de fois celle de la lumière. À la différence d'une plongée dans l'espace linéaire, tout était codifié d'avance. Il n'y avait aucun levier à tirer ni aucune touche à enfoncer qui aurait permis à Icho Tolot ou Pinar Alto d'accélérer ou de ralentir, voire même de modifier la destination. Peu importait le point à partir duquel ils plongeraient dans l'hyperespace, ils en ressortiraient au centre de la Voie Lactée. Le vol s'achèverait obligatoirement à l'endroit portant la signature énergétique programmée dans les convertisseurs. Et la signature d'une galaxie correspondait peu ou prou à son barycentre, là où le couple de rotation de l'ensemble des masses stellaires était pratiquement nul.

Pendant les quelques secondes du processus d'« interception et renvoi », ainsi que l'avait défini le défunt Skovarto, l'hyperespace s'afficherait sur l'écran comme une émulsion rougeâtre dans laquelle flottaient des formes plus sombres évoquant des méduses. Chacune de ces configurations était la projection d'un univers entier – l'ombre tridimensionnelle d'un corps quadridimensionnel vu depuis un espace quintidimensionnel – et les vaisseaux, qui se seraient échappés de l'une d'entre elles grâce à la propulsion transdim, devraient y retomber à nouveau, mais à d'autres coordonnées. La constante dimensionnelle, différente pour chaque univers et naturellement intégrée au référentiel des paratrons, interdirait aux deux véhicules de plonger dans un espace-temps qui ne serait pas le leur.

Tels étaient les aspects observables d'un déplacement transdimensionnel. Si peu, parmi les milliers de passagers des deux navires, avaient contemplé ce spectacle de leurs propres yeux, tout le monde en connaissait la description – bien que jusqu'ici il n'y eût aucun Terranien capable de l'expliquer.

Le 24 septembre 2436 à 20 h 03, les deux unités halutiennes, après avoir continuellement accéléré depuis leur dernière émersion de l'espace linéaire et atteint des vitesses fortement relativistes, étaient parées à entamer le vol transdimensionnel. La coordination entre les commandants des deux astronefs avait contribué à ce que l'activation des convertisseurs paratroniques soit exécutée par les automatismes de guidage, de sorte que la simultanéité serait garantie à la microseconde près.

Les deux bulles paradimensionnelles se formèrent trente-six secondes après 20 h 03.

Le franchissement du gouffre entre M 87 et la Voie Lactée avait commencé.

Le murmure spectral engendré par l'émulsion écarlate traversa les parois des deux vaisseaux. Les médusoïdes dérivaient avec lenteur au sein de la substance visqueuse de l'hyperespace. C'était un décor complètement fantasmagorique.

***

Quarante-quatre secondes après 20 h 03, la clarté rougeâtre disparut pour être remplacée par un miroitant tapis d'étoiles qui ne laissait apercevoir que par petites taches disséminées ici et là la noirceur de l'espace.

Ils avaient tout risqué – et ils avaient réussi. L'identification immédiate d'une série de constellations à partir des données stellaires halutiennes confirma sans l'ombre d'un doute qu'on se trouvait bien dans la Galaxie-patrie – et plus précisément sur le moyeu, à quelques dizaines d'années-lumière seulement du trou noir central.

Perry Rhodan résista difficilement à l'envie de pousser un cri de victoire. Il se sentait comme quelqu'un qui, s'étant fait un sang d'encre pendant des semaines face à l'approche d'un événement qui déciderait de tout son avenir, réalisait tout d'un coup que finalement l'affaire n'avait été qu'une formalité. Il était vidé. L'appréhension l'avait drainé de ses forces. Ce dont il avait besoin maintenant, c'était de vingt-quatre heures de sommeil ininterrompu.

Il n'en disposerait pas. Dans vingt-quatre heures, les deux vaisseaux auraient depuis longtemps atteint la Terre, et il ne serait pas question de songer au repos après l'atterrissage.

Icho Tolot et Pinar Alto programmèrent immédiatement le trajet de retour. Les deux nefs disparurent dans l'espace linéaire aux alentours de 20 h 12, abandonnant le centre de la Voie Lactée pour filer en direction du Système Solaire. La distance restant à parcourir n'était que de trente mille années-lumière – une misère en comparaison de l'énorme étendue franchie quelques instants plus tôt !

*
* *

20 h 30.

Deux cas de claustrophobie à bord du navire de Pinar Alto.

Il fallut à grand-peine récupérer les hommes à leurs places pour les emmener jusque dans un petit local que les médecins avaient aménagé en infirmerie de campagne.

D'après la consommation en énergie des blocs-propulsion linéaires, le chemin couvert jusqu'à maintenant depuis le centre de la Galaxie était de trois cents années-lumière.

*
* *

20 h 54.

Quatre cas de claustrophobie à bord du vaisseau d'Icho Tolot.

Quatre cas de plus, que la minuscule infirmerie de fortune ne pouvait soigner d'un coup. Le sergent Eller Mainart, déclaré guéri après un traitement intensif, fut renvoyé afin de libérer la place. Trois des malades purent être admis et soignés de suite. Le quatrième dut prendre son mal en patience, subissant dans l'intervalle des dommages nerveux supplémentaires.

Le parcours effectué à cet instant atteignait sept cents années-lumière.

*
* *

21 h 06.

À présent, les attaques de claustrophobie se déclaraient à raison d'environ deux toutes les cinq minutes. Les médecins signalèrent que la situation devenait critique. Perry Rhodan, Atlan et les quatre Halutiens se consultèrent sur l'opportunité de procéder à un atterrissage d'urgence afin de permettre aux hommes de se dégourdir les jambes.

La jauge énergétique des propulseurs correspondait maintenant à une distance du centre galactique de neuf cents années-lumière.

*
* *

21 h 12.

Les dispositifs d'alerte automatique se déclenchèrent simultanément à bord des deux véhicules.

L'alarme fut donnée par les instruments de mesure qui avaient détecté une reprise de la consommation des convertisseurs transdimensionnels, alors que ces appareils étaient censés se trouver au repos. Cette brusque remontée en puissance était une anomalie.

Icho Tolot et Pinar Alto décidèrent de débrancher toutes les connexions reliant chaque paratron aux circuits de contrôle de leurs vaisseaux. Ceci éliminerait tout danger.

Lorsqu'il voulut pénétrer dans la salle du convertisseur, Icho Tolot s'aperçut que le générateur s'était entouré d'un écran bleuté complètement impénétrable. La structure énergétique des boucliers protecteurs utilisés par les Constructeurs du Centre était connue : ils constituaient un obstacle absolument infranchissable – même pour les téléporteurs les plus puissants.

On se risqua cependant à procéder à une tentative. Ce fut L'Émir, le mulot-castor, qui se déclara volontaire pour sauter à l'intérieur du champ de force. Il se dématérialisa pendant une fraction de seconde avant de réapparaître au même endroit, inconscient. Les médecins diagnostiquèrent un choc physiologique.

L'instant de vérité était venu.

On avait franchi sans problème vingt-sept millions d'années-lumière et on commençait à croire que les Constructeurs du Centre, en remettant aux Terraniens en détresse deux convertisseurs paratroniques, s'étaient comportés avec honnêteté.

La fourberie était à présent évidente. La puissance productive des générateurs internes s'élevait de seconde en seconde. Les Constructeurs avaient mis en place un mécanisme qui réactivait les paratrons peu de temps après leur première utilisation. Aucun doute n'existait quant à leurs intentions : les convertisseurs en phase de démarrage s'apprêtaient à arracher en une fraction de seconde les deux vaisseaux du lieu où ils se trouvaient actuellement, pour les renvoyer de l'autre côté de l'abîme à peine traversé. Les dispositifs les propulseraient dans l'espace normal au centre de M 87 et l'onde de choc de leur réémergence, avec sa structure énergétique caractéristique, activerait les systèmes défensifs de la Grande Nébuleuse. Quelques secondes après leur apparition, il ne resterait plus rien des deux sphères noires ni de leurs occupants, sinon des nuages de plasma ionisé en expansion qui ne tarderaient pas à se dissoudre dans le néant.

Il ne subsistait qu'une seule échappatoire, et même celle-là n'était pas garantie.

Les deux astronefs réintégrèrent l'espace normal dans le même dixième de seconde, et leurs détecteurs de masse furent immédiatement mis à contribution. Et l'incroyable devint réalité ! À une distance de seulement deux cents unités astronomiques de la position actuelle des vaisseaux brillait un petit soleil jaune, de type G-3. Les instruments localisèrent deux planètes, dont l'une était une géante tournant autour de l'astre central sur une orbite épouvantablement large. Les caractéristiques de l'autre ne purent être déterminées pour l'instant.

En ces minutes préludant à la catastrophe finale, nul ne prit conscience de la fantastique générosité que leur accordait le destin. Car même à proximité du centre de la Voie Lactée – comme dans ce secteur où la distance interstellaire moyenne se montait à « seulement » une année-lumière et demie –, la probabilité de resurgir dans l'espace normal en un point quelconque – ainsi que venaient de le faire les deux vaisseaux halutiens dont la propulsion linéaire avait été interrompue sans préavis – pour se retrouver à moins de trente milliards de kilomètres de l'étoile la plus proche était à peine d'une chance sur dix millions.

Ce fut bien plus tard que s'avéra flagrant le rôle majeur qu'avait joué le destin dans la phase finale du retour de M 87. Pour le moment, personne ne se cassa la tête à procéder à des estimations – il y avait plus urgent à penser.

Ce qui devait être fait dans l'immédiat était évident : il fallait évacuer les deux navires. L'une des deux planètes qui tournaient autour du soleil sans nom accorderait l'hospitalité aux presque cinq mille hommes et femmes du *Krest* en attendant les secours.

Il restait toutefois un problème : si techniquement perfectionnés que fussent les spatiandres de combat, ils n'étaient pas en mesure de transporter leurs occupants en toute sécurité sur une distance de deux cents unités astronomiques. Avant de quitter les sphères noires, il était nécessaire de considérablement réduire l'éloignement par rapport au monde offert par la providence.

La question était de savoir si l'automatisme destructeur placé dans les convertisseurs par les Constructeurs du Centre leur en laisserait le temps.

*
* *

— Ici le commandant ! Des circonstances indépendantes de notre volonté nous contraignent à abandonner de toute urgence les deux navires. Au-dessous de nous se trouve une planète dont les conditions de surface sont supportables pour les humains. La distance est minimale et pourra être parcourue à l'aide des propulseurs des spatiandres. L'opération se fera bataillon par bataillon, et chacun recevra ses instructions directement par son chef direct. Le schéma d'évacuation est le suivant…

Paol jeta un regard incrédule sur son chronomètre. 24 septembre, 21 h 31. Il se déplaça en position accroupie tandis qu'une litanie d'annonces se déversait dans ses écouteurs de casque.

— … Cinquième bataillon technique, lieutenant-colonel Pratt. Sixième bataillon technique, major Lansbury…

Il fixa Lansbury. Celui-ci secoua doucement la tête.

Au cours de ces minutes difficiles, la discipline exemplaire des troupes de l'Empire Solaire montra toute sa valeur. L'ordre avait été bref et n'avait rien révélé des causes de la catastrophe, laissant à chacun le soin de s'interroger sur la nature du désastre. Cependant, nul ne s'égara dans ce genre de réflexions, et tout le monde se borna à obéir aux instructions que les chefs des bataillons recevaient par radio avant de s'adresser à leurs hommes sur la fréquence réservée à chaque groupe. Ils ignoraient ce qui s'était produit, mais les longues années passées au service de l'Astromarine leur avaient enseigné la sagesse fondamentale de l'esprit militaire : il existe des situations dans lesquelles la décision revient à l'homme placé à la tête, parce que c'est celui qui est le mieux informé.

Les chefs veillèrent donc à ce que leurs équipiers s'intègrent correctement dans le schéma d'évacuation, et celle-ci se déroula par conséquent aussi naturellement que s'il s'était agi d'un exercice d'alerte.

Dans l'intervalle, la consommation énergétique des convertisseurs s'était élevée jusqu'à un niveau critique. Il s'avéra que des ordres étaient émis par les paratrons en direction des blocs-propulsion normaux, bien que la manière dont cette connexion s'était effectuée restât incompréhensible. Les Constructeurs n'avaient rien laissé au hasard : les deux vaisseaux allaient accélérer pour atteindre la vitesse indispensable à un saut transdimensionnel lointain.

Les deux unités s'étaient placées en vol stationnaire à moins de mille kilomètres au-dessus de l'atmosphère de la planète intérieure du système. La distance séparant les deux sphères n'était que de quelques centaines de mètres – magistrale prestation des talentueux pilotes halutiens. De la surface du monde étranger, rien n'était visible : une impénétrable couche de nuages la masquait en totalité.

On ne savait quasiment rien de ce globe sinon qu'il était chaud, que l'air était respirable pour les humains, et que sa biosphère correspondait probablement à l'ère mésozoïque de la Terre. Il ne rendrait certainement pas la vie douce aux réfugiés, mais la plus petite chance de survie était préférable à la mort assurée qui attendait les deux astronefs.

Le dernier bataillon quitta le navire d'Icho Tolot à 22 h 02 ; le dernier homme sortit de celui de Pinar Alto une minute plus tard.

À 22 h 03, Perry Rhodan, toujours à bord de l'appareil d'Icho Tolot, activa l'hyperémetteur, qui commença à diffuser à puissance maximale un appel à l'aide ouvert, signé de son nom et de celui d'Atlan.

À 22 h 04, les deux nefs sphériques étaient totalement désertes.

Plus de quatre mille huit cent cinquante hommes et femmes en spatiandres – auxquels s'ajoutaient quatre Halutiens et un mulot-castor – se rapprochèrent de la surface du monde étranger qui flottait dans le vide au-dessous d'eux.

À 22 h 13, les deux vaisseaux se mirent en mouvement. Le dispositif de destruction des Constructeurs était entré en action. Près de dix mille yeux les regardèrent s'éloigner, toutes tuyères flamboyantes, dans une direction qui devait être celle de la galaxie M 87.

Quelques secondes plus tard, ils avaient disparu à la vue.

Mais à 22 h 42, alors que les groupes les plus avancés pénétraient tout juste dans les couches supérieures de l'atmosphère, le ciel s'embrasa comme sous l'effet d'une titanesque explosion. Si le phénomène ne dura que quelques secondes, il présenta la diversité de couleurs la plus incroyable que des yeux humains aient jamais observée. Sa signification fut néanmoins évidente pour tout le monde.

Quelques minutes plus tôt – car la lumière avait eu besoin de temps pour parcourir en sens inverse la distance que les appareils avaient franchie dans la dernière demi-heure –, les deux unités halutiennes étaient passées en vol transdimensionnel.

Tout en contemplant les nuages tourbillonnant sous ses pieds, Perry Rhodan se demanda si les géants quadrumanes se sentaient aussi attachés à leurs vaisseaux que les Terraniens.

*
**

Par une éclaircie entre les nuées, Paol aperçut un bout de sylve fumante et fangeuse. Les micros extérieurs transmettaient dans son casque encore fermé un grondement permanent et lointain, qui semblait être en relation avec la lueur rouge perçant de temps à autre entre les épais nuages.

Une région pleine de volcans en activité continuelle, songea-t-il en ressentant un frisson alors qu'il essayait de s'imaginer les créatures qui devaient habiter dans les jungles et marécages de ce monde.

Une silhouette se matérialisa dans la brume en ajustant sa vitesse à celle du lieutenant pour se maintenir à sa hauteur.

— Content de vous retrouver, Monsieur, s'exclama une voix rauque.

Paol fut en même temps surpris et rassuré. Dans l'agitation de l'évacuation du *Krest*, du parcours intergalactique et des dernières péripéties, il avait perdu Eller Mainart de vue. Il avait appris que, contre toute attente, l'homme avait survécu, mais rien de plus n'était parvenu à ses oreilles. Et pour une raison qu'il ne pouvait s'expliquer, il se sentait davantage en sécurité en ayant à ses côtés le sergent fort comme un Turc.

Lansbury appela de quelque part dans le brouillard.

— Que les lieutenants reprennent le commandement de leurs équipes. À la vitesse actuelle, nous toucherons la surface dans cinq ou six minutes. Établissez la liaison avec vos hommes et restez groupés. La planète possède un puissant champ magnétique autorisant l'usage des compas. Dirigez-vous vers le nord ; de ce côté, le sol s'élève et est plus sec. Il y a quelques volcans dans le coin, cependant nous pourrons les éviter. Notre destination est un haut plateau couronné de montagnes, à environ cinquante kilomètres au nord du point d'atterrissage estimé. Mettez-vous en route immédiatement après avoir atterri mais déplacez-vous en économisant l'énergie au maximum, vos réserves doivent durer le plus longtemps possible. Ne volez que si c'est absolument indispensable. Et maintenez le contact. Terminé !

Trois minutes plus tard, Paol avait rassemblé autour de lui les vingt-trois hommes placés sous sa responsabilité. Trois autres minutes après, ils traversaient en formation serrée et avec fracas un bosquet d'arbres semblables à des pins avant de se poser quinze mètres plus bas dans une fondrière où ils s'enfoncèrent jusqu'aux genoux.

Le groupe se mit en marche sans attendre, conformément aux ordres. Le compas de l'officier fonctionnait à la perfection, et ils prirent la direction que l'appareil désignait comme étant le nord. La progression se révéla globalement plus aisée qu'ils ne l'avaient soupçonné : les marais étaient peu profonds et le sol sous-jacent était ferme. En outre, la jungle étant dépourvue de sous-bois ; si l'on exceptait de petits massifs buissonnants d'un végétal au feuillage dense et d'une vilaine teinte blafarde probablement due au manque de lumière solaire, aucun obstacle n'entravait la course.

Vers 3 h 44, un communiqué du major Lansbury annonça que les tests avaient démontré l'innocuité de l'atmosphère de ce monde. Information suivie de la consigne impérative d'ouvrir les casques et de couper les climatiseurs des combinaisons spatiales.

Paol obtempéra.

Après avoir rabattu son casque en arrière, où il se replia sur la nuque à la manière d'une capuche, il prit une profonde inspiration expérimentale.

L'instant suivant, il fut secoué par une quinte de toux : l'air dont il avait empli ses poumons était dense, chaud et imprégné d'un indescriptible mélange d'odeurs. Il identifia la pestilence des marais, le parfum des fleurs ornant les cimes des arbres aux formes bizarrement contournées, la puanteur du soufre et des fumerolles émises par les volcans tout proches, ainsi qu'un relent laissant à penser qu'un putois aurait vidé ses glandes dans le coin.

Il expectora pendant cinq secondes, puis il essuya sa transpiration. La température ambiante devait approcher les cinquante degrés, avec une hygrométrie frôlant les cent pour cent. C'étaient là des conditions qu'il avait affrontées lors de ses premiers entraînements du temps où il était jeune recrue, mais à l'époque cela lui avait semblé moins pénible.

À partir de ce moment, la marche se fit moins rapide. Le lieutenant autorisa ses hommes à utiliser avec modération les compensateurs de gravité, afin que le poids des spatiandres ne portât plus sur leurs épaules. Ils progressèrent à une allure approximative de trois kilomètres par heure ; vers huit heures, ils fusionnèrent avec un autre groupe arrivant sur leur droite et lui aussi à la recherche d'un terrain plus sec. À neuf heures, le sol trembla sous le choc d'une lointaine éruption volcanique – qui s'avéra très vite pas si lointaine que ça : une lueur écarlate devint visible malgré la brume omniprésente pendant que le taux de dioxyde de soufre présent dans l'air s'élevait rapidement, occasionnant quelques minutes plus tard une quinte de toux généralisée.

Les deux heures suivantes s'écoulèrent sans autre incident mais peu après onze heures, alors que les deux groupes traversaient de concert une large bande marécageuse, la surface aux reflets huileux se partagea soudain non loin sur leur gauche, et le crâne repoussant d'un affreux monstre jaillit vers le haut. La créature, un reptile évoquant un gigantesque lézard doté de quatre paires de pattes, chargea droit sur les Terraniens complètement surpris en pataugeant dans l'eau peu profonde, les considérant visiblement comme des proies faciles. Toutefois, à la dernière seconde, Eller Mainart, qui protégeait l'aile gauche, réagit sans un mot avec son efficacité coutumière et, lorsque le saurien se fut approché à vingt mètres, son horrible tête explosa dans une boule de feu blanc bleuté. Emporté par son élan, le corps de vingt mètres de long avança encore d'un pas avant de retomber dans les flots limoneux et de s'immobiliser après quelques ultimes soubresauts.

Le dos crêté du lézard se dressait au-dessus de la surface du marais. Comme rien n'avait été visible auparavant, Paol en conclut que l'étendue liquide masquait la présence de creux dont les locataires du coin se servaient pour se cacher. Il referma son casque afin de transmettre à Lansbury un rapport détaillé de l'incident.

Et bientôt, la clarté déjà faible vira au crépusculaire : derrière l'impénétrable plafond de nuages, le soleil se couchait. Si les hommes étaient fatigués et éreintés, nul ne songea au repos : ils voulaient d'abord sortir de la jungle. Ils tenaient à ce que les marais, avec leurs monstres extravagants, soient loin derrière eux avant d'envisager de s'allonger pour dormir un peu.

Les casques furent remontés afin que les projecteurs frontaux puissent entrer en service. Leur lumière ne tarda pas à attirer des nuées d'insectes géants qui, jaillissant brusquement de l'obscurité et cherchant à s'approcher des sources de clarté, venaient heurter les figures des hommes en pénétrant par les visières ouvertes. Des animaux aboyeurs de la taille d'un renard sortirent des profondeurs de la jungle pour attaquer le groupe en mouvement, et ne battirent en retraite qu'après avoir laissé sur le terrain nombre de leurs congénères abattus par les tirs des radiants. Ensuite, un essaim d'insectes armés d'aiguillons chargea avec une fureur acharnée, des bestioles trois fois plus grosses que des frelons terrestres. Deux hommes furent piqués au visage avant d'avoir pu rabattre leurs visières et ne tardèrent pas à présenter des symptômes d'empoisonnement. Paol et le chef du deuxième groupe leur administrèrent des remèdes mais, bien que l'effet du venin finît par se résorber, les deux victimes restèrent si faibles qu'il fallut leur autoriser un emploi plus soutenu des antigrav de leurs spatiandres.

La marche se poursuivit.

Le 25 septembre, vers vingt et une heures, on s'avisa enfin que le sol amorçait une lente montée, que les marécages étaient plus petits et moins fréquents. À minuit, temps standard – alors qu'au-dessus de ce monde étranger le soleil avait repris sa course diurne derrière les nuages permanents – l'aspect de la végétation commença à changer : les plantes semblaient plus malingres que plus bas dans la jungle, et l'humus se mêlait de roche.

Le 26 septembre à 8 h 00 parvint un ordre de Perry Rhodan qui demandait à tous les groupes d'effectuer un crochet vers l'ouest. Le bien-fondé de cette mesure parut évident deux heures plus tard : à l'endroit que les hommes auraient atteint en l'absence de consigne, un volcan vomissait lave et cendres dans un fracas de fin du monde. Son éclat rougeoyant plongeait le biotope étranger dans une clarté spectrale, et durant plus d'une heure la teneur en soufre de l'atmosphère se maintint à un niveau si élevé que les casques durent rester hermétiquement fermés et les climatiseurs mis en service.

Malgré tout, le climat fraîchit. La température de l'air baissa en dessous de quarante degrés pendant que l'humidité diminuait également. La flore ne consistait plus qu'en arbrisseaux hérissés d'aiguilles pointues et ressemblant beaucoup aux sapins de la Terre. Le sol montait toujours, et de temps à autre un énorme rocher barrait le chemin, obligeant à accomplir un détour pour le contourner.

Vers 13 h 00 le même jour, le groupe le plus avancé atteignit la limite méridionale d'un haut plateau. La nouvelle se propagea comme un feu de brousse, procurant un regain d'optimisme et faisant accélérer la marche. Le dernier peloton aborda la terrasse deux heures plus tard. Celle-ci était d'une étendue considérable, recouverte d'herbe et de buissons. La température n'était plus que de trente-cinq degrés, et le taux hygrométrique était descendu à soixante pour cent.

À la vue de ce paradis, les gens se laissèrent tomber là où ils étaient. Ils avaient derrière eux plus de trente-six heures de progression ininterrompue pratiquée dans les conditions les plus difficiles. Dès quatorze heures, la bordure sud du plateau ressemblait à un champ de bataille sur lequel les combattants auraient abandonné leurs morts. L'équipage du *Krest* sombra dans un sommeil comateux pendant que les quatre Halutiens, naturellement préservés de l'épuisement physique par leur constitution, patrouillaient autour du camp pour tenir éloignés les dangers menaçant les dormeurs. Au cours des trente heures suivantes, ils chassèrent ainsi un groupe de trois sauriens qui paraissaient être des cousins des lézards des marais déjà rencontrés, une marée de millions d'insectes myrmécoïdes grands comme la paume de la main et armés d'imposantes mandibules, une harde de chiens des bois, une flopée de créatures ressemblant à des chauves-souris et, pour couronner le tout, un essaim de mégafrelons surgis de la jungle avec l'intention ferme de s'installer à proximité du bivouac.

Il n'y eut qu'une seule des calamités naturelles du monde étranger que les puissants Halutiens ne purent juguler : la pluie.

Celle-ci commença à tomber le 27 septembre aux alentours de vingt heures et, comparativement au déluge qui s'abattit, les ondées torrentielles qu'avaient essuyées les voyageurs des étoiles dans les régions tropicales des planètes les plus déchaînées n'étaient guère que d'inoffensifs clapotis.

Un mur liquide dégringola tout à coup du ciel chargé de nuages. D'un instant sur l'autre, le camp se trouva inondé par un flot de trente centimètres de profondeur déboulant des hauteurs situées au nord pour cascader par-dessus le rebord sud du plateau. Plusieurs personnes furent emportées avant d'émerger à moitié de leur sommeil de plomb et de réussir à échapper *in extremis* au déluge.

Tout le monde fut éveillé en moins de deux. Perry Rhodan ordonna l'activation des propulseurs dorsaux pour gagner une région plus en altitude et plus sèche. Vers 21 h 00, une équipe envoyée en éclaireur atteignit un promontoire qui, comme on s'en aperçut plus tard, était placé presque exactement au centre géométrique de la terrasse et était resté relativement au sec. C'était en même temps le seul site, à l'intérieur du plateau, à être notablement boisé.

La pluie cessa vers minuit. Au cours des quatre heures ayant suivi le réveil en fanfare près de la bordure méridionale de la plate-forme, et d'après une estimation prudente, les précipitations avaient déversé quelque mille cinq cents litres d'eau par mètre carré.

Par suite des circonstances, les avantages du tertre aux pentes douces tombaient pour ainsi dire sous le sens. Perry Rhodan décréta donc que l'on s'installerait ici, du moins provisoirement.

Quel laps de temps recouvrait la notion éminemment élastique de « provisoirement », cela ne fut point précisé. Quoi qu'il en fût, les commandants des bataillons reçurent peu après l'ordre d'envoyer leurs hommes au bûcheronnage. En raison des conditions climatiques inhospitalières, le Stellarque avait abouti à la décision de faire bâtir des logements qui protégeraient les gens au moins du plus gros des intempéries pour la durée de la période d'attente des secours, si brève celle-ci pourrait-elle être.

*
* *

Deux jours et demi plus tard selon le calendrier terrestre, les flancs de la colline étaient recouverts de cabanes et la forêt naguère touffue avait pratiquement disparu. Près de cinq cents constructions hébergeant chacune dix personnes abritaient l'ancien équipage du *Krest IV*.

Dire que la biosphère étrangère s'acharna contre les intrus était un euphémisme. Les pluies diluviennes alternèrent avec des ouragans meurtriers, des éruptions des volcans proches et de furieux assauts d'échantillons du bestiaire fantastique de ce monde primitif.

Mais les hommes et femmes qui avaient survécu à deux traversées de trente-deux millions d'années-lumière et à huit mois de séjour dans la galaxie M 87 ne s'en laissèrent pas conter. Une forme très particulière d'optimisme s'était implantée dans tous les esprits : sitôt qu'il avait été possible d'accorder un peu de temps à la réflexion, on s'était aperçu à quel point était improbable l'enchaînement de coïncidences qui avait permis d'échapper au piège perfide des Constructeurs du Centre, et on s'était persuadé que le Destin ne laisserait pas tomber ceux auxquels il avait consenti un tel étalage de faveurs.

Cet enthousiasme fut en revanche quelque peu tempéré par l'inquiétude que suscita l'absence de résultat de l'appel au secours tous azimuts de Perry Rhodan. Le message avait-il été capté ? Si oui, le lieu d'émission avait-il été correctement localisé ? Si tel était le cas, alors un vaisseau terranien aurait déjà dû apparaître au-dessus du monde étranger deux ou trois jours plus tôt, pour entamer la recherche de ceux qui avaient besoin d'aide.

Il subsistait cependant un espoir : les deux unités halutiennes, lors de leur passage en vol transdimensionnel, avaient provoqué un ébranlement de structure qui ne manquerait pas d'éveiller partout la curiosité des commandants d'escadre. On s'inquiéterait de la cause de cette secousse, ce qui entraînerait une exploration poussée de ce secteur spatial. Aussi, à tout moment, au moins un des microcoms que portaient tous les officiers de l'équipage émettait-il en permanence, diffusant un S.O.S. automatique pouvant être capté dans un rayon de plusieurs années-lumière.

La situation était fâcheuse, mais pas désespérée. La planète étrangère offrait des possibilités de subsistance. Le désir de regagner la Terre demeurait puissant, toutefois la raison prévalait encore sur les aspirations du cœur. La conviction que le destin les avait choisis pour survivre était fermement ancrée dans la conscience des Terraniens naufragés.

Ils avaient résisté au pire.

Ils pourraient bien supporter le reste.

DEUXIÈME PARTIE

À LA CHASSE AUX DOLANS

CHAPITRE PREMIER

Notre Galaxie se compose d'environ cent milliards de soleils. Cette fantastique quantité d'étoiles se répartit principalement dans un volume qui, vu de côté, possède la forme approximative d'un fuseau tandis que, contemplé depuis l'un des « pôles », il offre l'apparence d'une roue de feu, d'un disque aux bords effilochés dont le diamètre atteint cent mille années-lumière pour une épaisseur maximale de dix mille.

Sol, l'astre autour duquel tourne la Terre, se trouve à trente mille années-lumière du centre galactique, soit aux trois cinquièmes de la distance entre le noyau et la lisière, et se situe à l'intérieur de l'un des bras spiraux, près de la bordure du bras d'Orion. Six mille années-lumière plus loin vers l'extérieur passe le bras de Persée. Les noms de ces bras sont empruntés aux principales étoiles appartenant à leurs structures respectives.

Il est logique que, parmi ces cent milliards de soleils, nombreux soient ceux dotés d'un cortège planétaire. Les explorations les plus récentes ont démontré l'existence d'innombrables systèmes solaires répartis dans toute la Galaxie. Leur nombre exact est impossible à déterminer, et pourtant nous procédons depuis déjà plus de quatre cents ans à un recensement systématique.

*Jusqu'à maintenant, dix mille planètes suffisamment ressemblantes à la Terre pour que l'*Homo Sapiens *puisse s'y installer ont été découvertes. Ont également été décomptés dix mille autres mondes susceptibles d'être colonisés en faisant appel à des technologies non absolument indispensables à la survie, telles que des coupoles* *pressurisées, des constructions en sous-sol ou une adaptation à l'environnement par le biais de modifications génétiques. Avant de nous intéresser aux différents types de soleils et de planètes, nous terminerons ce chapitre par une remarque :*

Le rôle du présent manuel n'est pas de fournir à chaque astronaute un atlas de la Galaxie avec ses étoiles, ses brumes, nuages, planètes, lunes et comètes, mais uniquement de répertorier tous les mondes connus à ce jour, avec leurs coordonnées et une brève description de leurs caractéristiques spatiales ainsi que des conditions régnant à leur surface, de même que les éventuelles règles comportementales particulières à respecter. Les coordonnées de base de chaque globe sont naturellement celles de leur astre tutélaire, complétées de leurs paramètres orbitaux. Lors de chaque mise à jour de ce manuel par l'Administration – sous réserve de l'absence d'informations placées sous le sceau du secret dans l'intérêt de l'Empire de l'Humanité –, des pages additionnelles sont éditées sous les formes suivantes :

a) des feuillets séparés destinés aux exemplaires des éditions les plus anciennes encore en usage ;

b) des cartes magnétiques rendant possible la mise à jour des données stockées dans les positroniques de grande série de la plupart des vaisseaux ;

c) des cristaux mémoriels directement connectables en tant que mémoires complémentaires sur les positroniques de guidage des unités disposant des équipements appropriés.

La liste est indexée avec un double classement ; le premier selon les numéros d'ordre N.G.T. – la Nomenclature Générale Terranienne – ; et le second suivant l'ordre alphabétique des noms des étoiles et des planètes.

Avertissement : le présent manuel ne doit à aucun prix tomber entre les mains d'individus ou de races ennemis de l'Empire. En cas d'urgence ou de danger, les règles de sécurité à suivre sont…

Manuel de navigation spatiale terranienne
– extrait du chapitre premier.

*
* *

Seul le ronronnement assourdi et continuel des lourdes machines de la nef témoignait de ce que le croiseur de bataille était en vol. Rien, ici en bas, ne permettait de déterminer la vitesse ni le cap. Ce qui n'avait aucune espèce d'importance pour celui qui connaissait de toute manière ces informations. Autour de l'homme silencieux adossé à un triscaphe, une cigarette non allumée entre les lèvres, régnait un calme relatif. Seuls étaient audibles les bruits résultant du fonctionnement des blocs-propulsion emmenant le navire à travers l'espace. À peu près la moitié des huit cents membres de l'équipage dormait, pendant que l'autre moitié était à son poste. L'ambiance générale était un attentisme pesant sur les nerfs.

Le lieutenant-colonel Bontainer inspectait le vaisseau.

Cinquante-quatre ans, mince au point de pouvoir être qualifié de maigre, le visage sillonné de plus de rides que ne le justifiait son âge, Vivier Bontainer offrait l'apparence d'un homme marqué par le destin. Ses cheveux châtain foncé, presque bruns, grisonnaient sur une ligne s'étendant des tempes jusqu'à la nuque.

— Défense éloignée ! murmura-t-il dans un souffle. Désignation élastique pleine de surprises… et pas spécialement de surprises agréables !

Il se trouvait sur le pont 1.

C'était le niveau sur lequel s'ouvrait le sas polaire inférieur du croiseur de combat géant de cinq cents mètres de diamètre baptisé *Orénoque*. Bontainer parcourut les alentours du regard avec lenteur, avec une sorte de flegme nerveux. Lors de ces missions, il était fondamental de conserver un calme absolu et d'éviter de se laisser influencer par les détails, si infimes fussent-ils. Cela pouvait avoir un impact décisif sur la vie et la mort, mener au succès ou à l'échec.

Les triscaphes ultramodernes, qui avaient encore le brillant du neuf, étaient arrimés par des ancrages magnétiques et maintenus en place par des attaches supplémentaires afin de ne pas heurter l'une ou l'autre cloison au cours des manœuvres directionnelles du navire ou en cas d'interruption de la pesanteur artificielle. Les yeux du lieutenant-colonel parcoururent les parois immaculées, les panneaux mi-clos des ascenseurs antigrav, la vitre faiblement éclairée de la cabine à partir de laquelle les sas pouvaient être ouverts et fermés lors d'opérations de sortie ou de rentrée dans le vide ou sur une planète à l'atmosphère non respirable. Ici, tout était impeccable. Les trois hommes en poste sur ce pont étaient vêtus de spatiandres légers et gardaient leurs casques amovibles à portée de main. Bontainer leur adressa une esquisse de salut assorti d'une ombre de sourire avant de passer devant la positronique d'alerte dont l'une des fonctions était de clore toutes les écoutilles en cas de dépressurisation, et d'emprunter l'un des puits anti-g pour remonter jusqu'au niveau 5.

Vivier Bontainer, l'ancien commandant de l'*EX-2333* détruit par un Dolan en mai de cette année, avait été rapatrié sur Terre immédiatement après le désastre en compagnie des colons rescapés, d'Arsali Hingurt et du reste de son équipage. Après seulement trois jours de repos à Terrania, il avait été de nouveau requis pour le service. À présent, il commandait l'*Orénoque*, un croiseur de combat d'une construction déjà ancienne, mais qui avait été entièrement rénové et remis aux normes avant d'être rendu à la circulation.

Le pont 5 était le niveau des ateliers et des hangars aux *Gazelles*. Dix avisos discoïdaux étaient disposés en cercle le long de la paroi extérieure du vaisseau. Quelques hommes étaient à l'ouvrage ; étant donné que Bontainer, selon une habitude éprouvée, veillait à faire maintenir l'*Orénoque* dans un état proche de la perfection, les réparations simultanément en cours étaient peu nombreuses. Ici aussi dominait ce calme nerveux qui s'emparait de l'équipage et des officiers lors des opérations de défense éloignée. Le lieutenant-colonel s'arrêta pour allumer sa cigarette avant d'emprunter une bande transporteuse qui, longeant la coque du navire, le ramena à son point de départ au bout de quelques minutes.

— Tout est nickel... murmura-t-il en sautant du convoyeur tout en s'efforçant de retenir sa cendre jusqu'à ce qu'il ait atteint un réceptacle à déchets.

Le croiseur de bataille avait été doté de dix canons transformateurs modernes dont le plus gros calibre était en mesure de tirer une bombe d'une taille correspondant à une puissance de mille gigatonnes, ainsi que de trois kalups compacts de dernière génération, ces convertisseurs spéciaux qui, ensemble, conféraient au vaisseau une autonomie d'un million deux cent mille années-lumière. Et, depuis la mi-juin, l'appareil volait sous le commandement du lieutenant-colonel Bontainer.

Ce dernier s'immobilisa afin de réfléchir sérieusement.

Il avait regagné la Terre avec ce qui restait de son équipage, les survivants de l'*EX-2333*, et Arsali Hingurt. Il était sorti de trois années d'exploration tranquille pour plonger dans le chaos sitôt revenu en terrain connu. Un chaos qui avait autant de rapport avec le ballet parfaitement ordonné de l'espace cosmique qu'un tas de détritus avec une équation mathématique. L'Empire luttait sur tous les fronts, et il semblait que la chance avait définitivement abandonné la Terre et ses dirigeants. Et depuis trois mois et demi, Bontainer était en mission de défense éloignée avec ses hommes et opérait en suivant fidèlement les directives précises qu'il avait reçues à Terrania en même temps que d'autres chefs d'unités. Le nom de la procédure était : *Chercher – éradiquer*.

Que cherchait Bontainer ? Que cherchaient les huit cents astronautes placés sous sa responsabilité ? Que cherchait l'*Orénoque* ?

Une sphère brillante comme de l'argent poli, certes plus toute neuve, mais parfaitement révisée et impeccable, transformée sous la poigne impitoyable de son commandant en un instrument mortel : tel était ce vaisseau. Dans la flotte des *Explorateur*, au sein de laquelle hommes et appareils n'étaient guère réputés pour être soigneux ni bien entretenus, Bontainer bénéficiait d'une notoriété à part : il avait à cœur d'occuper son équipage à des travaux de maintenance et de réparation pendant des jours entiers. Lorsqu'ils quittaient le bord, ils étaient devenus des experts tandis que le navire était jusqu'au plus petit boulon un remarquable exemple de travail dûment partagé et efficient. Depuis l'époque au cours de laquelle le lieutenant-colonel avait affronté le cosmos pour y trouver la paix – et éventuellement en prime une mort désirée –, il s'était calmé, mais sa manière de gérer un astronef, elle, n'avait pas changé d'un poil.

Le puits élévateur le conduisit quelques niveaux plus haut, le rapprochant de la centrale de commandement.

Non loin de lui, un haut-parleur cracha soudain comme un mauvais présage pendant que l'écran de l'intercom s'éclairait. Vivier s'y précipita en quelques enjambées, plus en sautant qu'en courant, pour se planter juste devant le micro incorporé et la lentille du capteur optique abritée derrière le gros disque de verre blindé.

— Ici la centrale… Capitaine, répondez, s'il vous plaît !

Le commandant de l'*Orénoque* enfonça la grosse touche de plastique d'une propreté irréprochable.

— Bontainer, pont 10. Qu'y a-t-il ?

La liaison vidéo montrait le buste de John Sanda, l'homme qui, depuis les jours de la lutte sauvage dans les labyrinthes souterrains de Roanok, était devenu l'ami de Vivier.

— Nous avons relevé un ébranlement de structure. Toutefois, il ne se situe pas dans notre secteur. Devons-nous modifier notre course ?

Le capitaine resta silencieux trois secondes, puis il se pinça le lobe de l'oreille gauche en un geste d'indécision.

— Non, décida-t-il. Nous appartenons à la patrouille du Centre galactique. Si le secteur en question n'est pas le nôtre, il s'y trouve d'autres vaisseaux en opérations. Nous changerons de cap uniquement si nous recevons des appels. Je suis là dans trente minutes, John.

— Merci, Vivier, conclut Sanda.

Le haut-parleur émit un déclic et l'écran recouvra sa teinte gris mat.

La mission de l'*Orénoque* était clairement définie. Parti de la Terre, il avait été pourvu d'un effectif rassemblant des volontaires, des astronautes libérés du service, des survivants d'autres unités naufragées, ainsi que des réfugiés décidés à agir, jusqu'à ce que le nombre requis de huit cents eut été atteint. Bontainer avait dirigé pendant deux semaines une sélection draconienne jusqu'à ce que son nouvel équipage soit constitué. À présent, comme presque tout fonctionnait automatiquement, les huit cents personnes avaient les coudées franches – dans la limite du respect des consignes. La conséquence était que l'*Orénoque* avait connu des triomphes jusqu'ici sans précédent ; se lançant dans des engagements téméraires, le croiseur de combat avait abattu trois Dolans en l'espace d'une semaine.

Depuis ces jours-là, les huit cents hommes vénéraient leur capitaine : Vivier savait que l'ambiance à bord était excellente. Ses compétences d'ancien commandant de nef d'exploration scientifique s'appliquaient très bien à la lourde tâche de l'opération *Chercher – éradiquer*. Le navire de Bontainer voguait de-ci, de-là dans les environs du Centre galactique sans objectif précis, évitait les affrontements directs, déjouait les embuscades, s'efforçait de protéger les mondes coloniaux proches de son secteur, contraint de poursuivre sa route solitaire et d'agir sans aucun équipement DpF, rien qu'avec ses pièces d'artillerie transformatrices normales.

Les générateurs de champs protecteurs du vaisseau fonctionnaient impeccablement. Les modèles déjà anciens avaient été remis en état. Les composants qui, à l'issue de vérifications précises et poussées, présentaient des signes d'usure ou un risque de défaillance étaient remplacés ou, dans les cas où aucune pièce neuve n'était disponible dans les réserves, réparés ou reconstruits. Les salles des machines brillaient comme des sous neufs. C'était là que se trouvaient les kalups, d'où semblaient sourdre d'invisibles courants d'une énigmatique énergie alors même que l'astronef volait en subluminique. Les quelques hommes d'humeur paisible préposés à la surveillance des circuits saluèrent, négligemment mais avec respect. Le lieutenant-colonel leva une main, procéda à un rapide tour d'inspection, puis s'adressa au technicien en chef.

— Tout va bien, Gharter ?

L'individu hocha la tête en indiquant d'un geste bref les témoins qui tous affichaient des valeurs stables et situées dans le domaine correspondant à une charge moyenne.

— Nous sommes prêts à répondre à n'importe quelle surprise, capitaine, expliqua l'ingénieur.

En suivant la direction de son regard, Bontainer avisa les portes ouvertes des armoires à l'intérieur desquelles pendaient les lourds spatiandres de combat et les casques pressurisés. Les armes étaient réglementairement posées dans leurs supports et les hommes arboraient les combinaisons de bord.

Vivier opina du chef avec satisfaction.

— C'est *gauber*, comme dirait notre ami exotique, observa-t-il. Je vous remercie.

Il gagna le puits le plus proche à l'intérieur duquel il se

laissa flotter vers le haut jusqu'à ce qu'il repère les plaques lumineuses signalant le pont 15. Sautant à travers l'ouverture dont les servomoteurs du panneau étanche étaient reliés en permanence au dispositif d'urgence, il entra dans la centrale de commandement du croiseur.

— C'est *reilotav*, capitaine. Le vaisseau brille proprettement ?

La voix stridente et nerveuse sortait de la pénombre de la salle. Oomph Amber, installé dans un des fauteuils-contour et placé de façon à pouvoir embrasser d'un seul regard la sortie de l'ascenseur ainsi qu'une partie de la galerie panoramique, frotta l'un contre l'autre ses doigts osseux en toussant fortement.

— Proprettement perfecté ! ricana Bontainer.

Les néologismes audacieux et la manière calamiteuse avec laquelle le kleptomane lourénien massacrait la langue terranienne constituaient une sorte de succédané de journal de bord. Bien qu'aucun parmi les huit cents hommes ne fût en mesure d'expliciter ce que voulait exprimer Oomph, les expressions comme *geimig*, *lusker*, *gauber* ou *reilotav* étaient dans toutes les bouches et se propageaient par tout le circuit intercom.

L'extraterrestre émit un rire nerveux évoquant celui d'une vieille femme avant de demander, avec le ton syncopé dont il était coutumier :

— Chercher Dolan rencontrable et éradiquer lui, non ?

John Sanda, qui était aux commandes du navire, pivota sur son fauteuil, freina sa rotation des deux jambes puis ricana à son tour :

— Quoi qu'il en soit, tout est au net, n'est-ce pas ? questionna-t-il non sans sous-entendu.

Bontainer opina du chef en s'asseyant dans le siège voisin.

— Pour ça oui ! Pour autant que j'aie pu en juger, même les têtes des boulons sont polies.

Le commandant en second, un homme aussi grand et

maigre que son supérieur, répliqua sans lever les yeux de ses instruments :

— C'est justement le problème avec beaucoup de têtes, capitaine : elles brillent extérieurement. On devrait prêter un peu moins attention aux apparences, et un peu plus à ce qu'il y a à l'intérieur.

Il s'esclaffa.

Bontainer se pencha en arrière, extirpa lentement son paquet de cigarettes de la poche de poitrine de sa combinaison de bord et s'en alluma une avant de lancer le paquet à Sanda, qui le saisit au vol telle une mouette s'emparant d'un morceau de toast au caviar.

— Je me rappelle une fois, dans un bar d'Atlan Village, raconta Vivier. Alors qu'ils étaient à table, un commandant en second a sorti à son capitaine une impertinence du même genre. Lorsque la police du port est intervenue avec son efficacité coutumière, quarante minutes plus tard, l'établissement était dévasté, et l'insolent doit se trouver dans le plâtre aujourd'hui encore. Vous vouliez ajouter quelque chose, John ?

— Votre anecdote se passe de commentaires, biaisa l'intéressé en tournant fugacement la figure vers son chef.

Il avait les yeux gris et froids, une chevelure châtain clair presque blonde coupée court, à la différence de Bontainer, ce qui lui conférait un certain air martial – et était exactement le but recherché. Célibataire, il estimait que cette coiffure en brosse flattait son image.

— Mais… ?

— Mais les conditions ici ne sont pas tout à fait les mêmes. Nous voyageons dans un secteur où l'astrogation n'est pas des plus faciles.

Le capitaine haussa ses fines épaules.

— Il n'y a pas de demeurés dans mon équipage. De plus, il me semble vaguement me souvenir avoir aperçu une positronique quelque part. (Il lâcha un bref éclat de rire, comme pour se moquer de lui-même.) Elle pourrait nous être utile.

— Pas cette fois-ci, Monsieur ! s'immisça l'opérateur des communications installé à trois places sur la droite de Sanda en montrant les écrans.

Ces derniers, assemblés côte à côte et aussi bien horizontalement que verticalement, occupaient toute la circonférence de la centrale, leur damier composant une galerie panoramique. Ils affichaient en ce moment les soleils du noyau galactique tout proche, et derrière ceux-ci, partiellement masqué par des nuages de poussière, l'anneau de gaz ionisés entourant le trou noir central. Les astres étaient ici très voisins les uns des autres avec un éloignement moyen inférieur à une année-lumière. Si les images transmises par les senseurs optiques n'avaient pas été filtrées, la salle aurait été inondée d'une clarté polychrome aveuglante.

— Je veux parler de ça ! ajouta l'homme.

Levant les yeux, Bontainer aperçut ce que l'autre montrait du doigt.

Devant le labyrinthe d'étoiles – qui, dans cette région visitée par l'*Orénoque*, n'apparaissait plus sous l'aspect d'un semis de points et de taches minuscules, mais comme un criblage de macules multicolores de toutes dimensions se présentant en plans successifs de plus en plus lointains jusqu'à, tout au fond, la brillance du disque d'accrétion du collapsar galactique – se détachait une boule jaune située à moins d'une demi-année-lumière du vaisseau.

— Eh bien, c'est un soleil ! remarqua Vivier d'une voix égale. Dans l'espace, ce n'est pas une rencontre particulièrement extraordinaire, Bilsoon.

L'opérateur arbora un sourire malicieux avant de répondre :

— Quelque chose nous manquerait, capitaine, si vous étiez un petit peu moins sarcastique. Ici, sans vous dans la centrale, la vie serait vraiment pénible.

— J'ai la réputation d'aller au-devant des désirs de mon équipage. Donc, Monsieur Bilsoon, qu'attendez-vous de moi ?

— Votre attention, Monsieur…

— Vous l'avez, Sparks, assura Bontainer en se retournant à moitié dans son fauteuil.

— Je sais. Vous devriez jeter un œil sur ce soleil.

— D'accord, lança le capitaine sur un ton badin.

Cet échange de paroles aurait complètement mystifié un observateur non averti. Les commandants d'innombrables vaisseaux, y compris Bontainer et par conséquent la vingtaine d'officiers présents dans le poste central, n'étaient que trop au courant d'une horrible réalité : à savoir que la grande offensive tant redoutée par Reginald Bull, l'adjoint de Rhodan, pouvait survenir à tout moment. Si rien ne s'était produit jusqu'ici, c'était apparemment parce que les Dolans et leurs propriétaires craignaient les équipements DpF. En cas de rencontre entre une nef semi-vivante et une unité dotée de cette arme, le vainqueur de l'affrontement sans merci qui s'ensuivait était connu d'avance : les Terraniens. Les forces adverses retranchées dans l'immense bulle paratronique de leur base hyperspatiale ne restaient toutefois pas inactives. Le Bi-Conditionné Tro Khan avait informé les hauts responsables de l'Empire Solaire qu'un dispositif neutralisateur avait été mis au point et était déjà en cours d'installation sur les Dolans, ce qui ôterait toute efficacité aux distorseurs fréquentiels. Les compagnons de Bontainer connaissaient les risques, mais ils étaient conscients qu'excitation, tension nerveuse et réactions hystériques n'auraient que des conséquences négatives. Aussi ordres hurlés et décisions prises en catastrophe se limitaient-ils aux instants de belligérance.

— Un type G, commenta le commandant. Je dirais proche de Capella, six mille kelvins de température de surface, couleur jaune, et certainement accompagné d'un cortège planétaire. Pas plus d'un million quatre cent mille kilomètres de diamètre.

John Sanda frappa de l'ongle l'affichage vidéo serti dans le panneau surmontant son pupitre, désignant un diagramme qui présentait trois pics très semblables, tous situés à l'intérieur d'une bande verticale ocre.

— Trois globes dans les limites de la zone d'habitabilité, capitaine, signala-t-il à mi-voix. Voilà qui devrait nous intéresser.

Bontainer se releva lentement avant de s'immobiliser devant l'écran de contrôle, les deux bras appuyés sur la console.

— Ça nous intéresse, confirma-t-il. Mettez le cap sur ce système, en subluminique pour le moment, et boucliers activés. Notifiez au pont 17 d'être extrêmement vigilants : là où il y a des mondes habitables, les Dolans ne sont généralement pas loin.

— Ce sera fait, capitaine ! assura le commandant en second.

Au long des trois derniers mois depuis lesquels ils volaient ensemble avec l'*Orénoque*, s'était développé entre les deux hommes un rapport qu'avec une certaine imagination scientifique on aurait pu qualifier d'amitié. La raison pour laquelle cette relation peinait à atteindre véritablement ce stade résidait chez Bontainer – il ne se laissait approcher que par très peu de personnes, et même cela ne résultait que des suites d'un long et impitoyable processus de sélection.

— Je vais jusqu'à ma cabine. Je serai de retour dans une dizaine de minutes, et nous verrons alors pour après, déclara le lieutenant-colonel en se dirigeant vers le puits élévateur, qui l'emmena jusqu'au pont 19 A.

C'était là que, non loin de l'ascenseur antigrav, il disposait de deux petites pièces réservées à son usage personnel.

— Stupidement *schreff* ! dégoisa le Lourénien.

***

Bontainer s'arrêta devant un panneau de plastométal peint en bleu acier, sur lequel deux lignes de texte étaient inscrites. La première annonçait *Capitaine* et la seconde, juste au-dessous, précisait *Vivier Bontainer*. Posant sa main sur la plaque, il sentit le métal de la serrure palmaire tiédir, puis les électrodes thermosensibles réagirent et déverrouillèrent la porte qui s'escamota latéralement à l'intérieur de la cloison. Le maître de céans pénétra dans les austères appartements, à l'agencement utilitaire, du commandant d'un croiseur de bataille. La lumière jaillit, dessinant trois cercles de clarté jaune nettement délimités. L'officier alla vers une armoire qu'il ouvrit pour en sortir la lourde arme de service, puis il assujettit avec des gestes lents et assurés son ceinturon autour de sa taille. *La grande expérience du combat*, songea-t-il, amer.

Deux phases caractérisaient la vie de cet homme.

Dès l'instant où il avait appris l'accident dans lequel sa femme et ses deux fils avaient trouvé la mort, il était devenu d'un cynisme implacable. Durant une longue crise, dominé par une pulsion autodestructrice, il avait défié l'Univers avec son vaisseau, le défunt *EX-2333*. Ses voyages scientifiques étaient menés à la manière de commandos-suicide, et seules une incroyable baraka et la compétence des membres de son équipage – sains d'esprit, eux – leur avaient évité de finir comme des microbes dans un stérilisateur. *Deirdre, Marc et Dannie*... Cette période appartenait définitivement au passé. Il ne les avait pas oubliés mais la douleur, profonde et absurde, s'était estompée. Arsali Hingurt, qui physiquement aurait pu être une jeune sœur de Deirdre, avait provoqué le revirement. À la seconde à laquelle Vivier avait rencontré la jeune femme dans les cavernes de Roanok, il avait entrepris de mettre un terme à la vie qu'il avait jusque-là menée – et il y avait en partie réussi. Il ne se battait plus contre l'Univers, parce qu'il y avait retrouvé sa place. Il aimait Arsali, et pourtant ce fait même lui semblait impossible ; c'était pourquoi il arpentait à nouveau cet Univers, bien loin de Titan. Il s'efforçait de découvrir des amis, de ne pas se comporter avec plus de froideur, d'indifférence et de dureté qu'un mur de terkonite – et il progressait. Tous les hommes de son vaisseau disposant d'un minimum de capacité à voir au travers de l'embrouillamini des rapports humains s'en étaient rendu compte et le jugeaient *lusker*, *geimig* ou *schreff*.

Il eut un sourire fugace en pensant à Oomph Amber.

Son ami, qui voyageait en sa compagnie sans fonction bien définie, constituait l'attraction du croiseur.

Sur une étagère d'un autre placard, Bontainer prit une tasse de plastique portant la mention SOUVENIR DU SATURN HILL, TERRANIA CITY, déchira un sachet contenant un mélange de lait, café en poudre et sucre qu'il vida dans le récipient. Après quoi il ouvrit le robinet d'eau chaude du minuscule lavabo, attendit quelques secondes et remplit le gobelet.

Il regagna à pas lents la salle de séjour.

Tout le temps qu'il passa à siroter à petites gorgées prudentes le breuvage brûlant, il resta immobile à fixer l'image placée dans un cadre au pied de la couchette encastrable dépliée. Arsali Hingurt – une femme superbe aux cheveux châtains, aux yeux verts et à la peau blanche. Tout comme Bontainer, elle avait été réquisitionnée après seulement quelques jours de repos et résidait actuellement sur Titan, une des lunes de Saturne, affectée au service des communications de cette base ô combien importante. Il songea à leur séparation – ils voulaient se marier. Intention qui n'avait provoqué chez John Sanda qu'un rire plein d'incompréhension suivi de plusieurs heures de propos psychanalytiques : le commandant en second était un célibataire endurci et avait tout fait pour convaincre son chef des avantages de cet état.

— Seul un fou prétend donner plus qu'il ne possède lui-même, avait-il expliqué. Pourquoi, mon respecté ami et capitaine, pilier de ce vaisseau et vaillant meneur de missions-suicide, pourquoi voudriez-vous vous marier ?

— Mon cher second, avait répliqué Bontainer, c'est une chose que vous êtes de toute évidence incapable de saisir. Avez-vous déjà été marié, rien qu'une fois ?

— S'il me prenait des envies de suicide, vous seriez le premier à qui j'en parlerais.

— Mais qu'entendez-vous à cela ?

John avait franchement ricané, et de ce qui semblait bien être un ricanement de mépris.

— Rien ! avait-il craché. Rien du tout ! C'est un domaine dont je laisse volontiers l'étude aux fins érudits tels que vous.

Vivier se remémora l'entretien en achevant de vider sa tasse, puis il s'esclaffa. Après quoi il jeta un dernier regard sur la photo en posant son gobelet, et quitta sa cabine. Il regagna directement la centrale pour reprendre place à côté de Sanda.

Il ouvrait la bouche pour dire quelque chose quand il perçut un mouvement tout près de lui. Un officier – son nom était Boosh – venait de bondir hors de son siège pour effectuer un saut de carpe et se jeter sur le Lourénien. Un mètre quatre-vingts de peau transparente comme du verre, sous laquelle on reconnaissait sans peine artères et veines, os et muscles, gigotaient sous la poigne impitoyable de Boosh.

— À l'aide, hommes ! cria Oomph Amber. On m'assassacre !

Sanda et Bontainer pivotèrent en même temps.

— Pourquoi voulez-vous tuer Amber ? se renseigna calmement le commandant.

Il capta un regard désespéré des immenses globes oculaires encadrés par les paupières en amande. Les pupilles elliptiques de l'extraterrestre n'étaient plus que deux fines lignes, et la lèvre inférieure de la créature non humanoïde tremblait spasmodiquement.

— Pourquoi ? Je me prépare à calculer les paramètres pour une plongée linéaire, je commence à taper sur le clavier, et je m'aperçois que l'appareil est éteint. Un système désactivé – maintenant ! Impensable, et surtout dangereux ! La grande clé à impulsions brillante a disparu. Seul

Oomph peut l'avoir fauchée. Rends-la-moi, artiste linguistique kleptomane !

Boosh sortit lentement du fauteuil le Lourénien mince comme un haricot vert et vêtu d'une combinaison de bord taille XXS qui cachait la majeure partie de son intéressante anatomie.

Prenant un air rêveur, l'accusé plongea sa main restée libre dans sa poche de pantalon et la retira avec la fameuse clé, qu'il remit à l'officier. S'il arborait à présent une mine chagrine, ce n'était certainement pas son chapardage qu'il regrettait, mais plutôt la restitution.

— Je t'avertis, Oomph ! le morigéna Sanda. La prochaine fois, nous t'escorterons en procession solennelle jusqu'au sas et t'attacherons au bout d'un long câble à l'arrière du vaisseau. Alors, dans le froid de l'espace, tu pourras faire ton examen de conscience.

— Très *treifloch*, murmura craintivement le coupable. Pardonnage !

— Drôle d'oiseau ! Qu'est-ce que vous lui trouvez, à cette bestiole, capitaine ? voulut savoir l'opérateur du centralcom.

— C'est mon plus vieil ami, répliqua Bontainer avec une intonation qui ne laissait planer aucun doute sur le sérieux de cette affirmation.

— Qu'alliez-vous me dire, Vivier ? se renseigna John Sanda.

— Nous allons effectuer un passage dans la zone de libration. D'abord la troisième planète, puis la deuxième, et pour terminer la plus proche du soleil. Compris ?

— Évidemment.

— Faites préparer une *Gazelle*. Ken Scott au canon transformateur. Vous et moi procéderons à une reconnaissance sitôt que l'observation à distance aura recueilli toutes les données possibles. Vu ?

— Bien sûr.

Quelques minutes plus tard, l'*Orénoque* plongea dans l'espace linéaire pour resurgir quelques secondes plus tard dans le continuum einsteinien, sur l'orbite de la troisième planète. Les instruments furent immédiatement mis à contribution, et la centrale de détection entreprit deux tâches simultanées :

Repérage – on s'efforça de découvrir des traces du passage de Dolans ou même la présence éventuelle d'une de ces créatures biosynthétiques de cent mètres de diamètre.

Relèvements – les trois globes furent localisés avec précision, les résultats des mesures effectuées sur toutes les fréquences et toutes les natures de radiations furent évalués puis relayés pour apparaître sur les écrans annexes des pupitres de la centrale de commandement.

— La deuxième planète émet un puissant rayonnement gamma, annonça une voix sortant des haut-parleurs situés juste devant Bontainer et Sanda.

— Bien reçu, répondit le capitaine. Nous nous dirigerons tout d'abord vers le troisième monde.

Lorsque l'approche atteignit sa phase finale, John Sanda passa les commandes à son suppléant après qu'ils eurent de concert exécuté quelques manœuvres afin d'amener le croiseur sur une orbite stable à trois cents kilomètres de la surface du globe. Sur les écrans s'affichait un hémisphère dont l'aspect laisser présager un climat rigoureux : de vastes calottes polaires et des étendues blanches parsemant tous les continents.

— J'appelle la centrale de détection ! lança Bontainer sur un ton incisif.

— Ici la Détection. Que désirez-vous ?

— Avez-vous pu déceler des signes de vie ? Des communications hertziennes ou hypercom, ou quoi que ce soit d'autre ?

Il y eut quelques secondes de silence, puis la réponse arriva :

— Non, rien. Pas la moindre onde modulée ni même de porteuse, et l'optique n'a permis de révéler aucune trace de zones habitées.

— Merci ! – Lawrence… vous avez le vaisseau en main ?

Vivier s'était adressé au remplaçant de son commandant en second. L'homme corpulent, à l'occiput dégarni, hocha la tête en même temps qu'il enfonçait le contact d'activation des transmissions, geste indiquant aux autres que la console de pilotage du croiseur était à présent reliée par un canal direct avec la *Gazelle* à bord de laquelle Sanda, Bontainer et Scott allaient partir.

— Oui, capitaine. Tout est O.K.

— Parfait ! Si vous ressentez ne serait-ce que l'ombre d'un doute, appelez ! Nous ne tenons pas à prendre le moindre risque. – Oomph, tu restes ici, comprendu ?

— Comprendu, capitaine, répondit le Lourénien de sa voix stridente tout en scrutant alentour à la recherche de quelque objet brillant.

Le commandant et son second se levèrent et quittèrent la centrale pour rejoindre l'aviso qui les attendait sur le pont 5, avec Scott déjà à bord.

En montant dans l'appareil, Bontainer inspecta les lieux d'un regard vigilant. En sus de lui et de Sanda, cinq autres hommes étaient là : l'équipage minimal, présentement installé dans les fauteuils au-dessous de la coupole de terkoplast transparent. Derrière le canon transformateur d'une puissance efficace de cinquante gigatonnes de TNT, Ken Scott, l'un des meilleurs artilleurs que connût Vivier, était paré pour l'action. Quelques ordres fusèrent ici et là, puis la sirène avertissant que le hangar allait s'ouvrir sur le vide se mit à hululer. Le sas de la *Gazelle* se ferma, puis arriva le signal du départ. Vivier Bontainer guida doucement l'aviso hors du vaisseau avant d'accélérer en direction du globe qui défilait lentement au-dessous d'eux.

Il avait un mauvais pressentiment.

C'était le genre d'intuition qu'éprouvaient tous les hommes rompus au combat, quand ils devinaient ou suspectaient une menace. Ici, dans cette contrée du cosmos, loin de la Terre… Ici, on pouvait s'attendre à tout. Des étrangers, des Dolans, des dangers, des surprises… Tout et n'importe quoi.

La petite nef discoïdale se dirigea tout droit vers un grand continent en forme de croissant à cheval sur la ligne imaginaire de l'équateur planétaire. Tout en pilotant l'appareil, Bontainer réfléchissait en silence.

— Très *gauber* ! finit-il par murmurer.

CHAPITRE II

La règle ci-dessous, très fréquemment constatée, a été déduite des mesures moyennes de nombreuses observations directes.

Un soleil de type G avec une température de surface tournant autour de six mille kelvins est approximativement trois cent mille fois plus massif que la planète qui l'accompagne et qui est susceptible d'être classifiée comme « de type terrestre » si le rayon de son orbite est de l'ordre de grandeur d'une unité astronomique (U.A.). Pour que le globe étudié puisse être effectivement considéré comme de type terrestre sur les plans de la morphologie et de la structure géologique, l'analyse spectroscopique doit montrer les traces d'au moins soixante-dix éléments chimiques. Compte tenu que jusqu'à maintenant plus de neuf mille planètes répondant à ces critères ont été découvertes, cataloguées, au moins partiellement explorées, et ont reçu un début de colonisation, on peut estimer que cette règle a bénéficié d'une démonstration empirique et peut donc être prise comme standard de référence.

En revanche, aucune corrélation n'existe avec la taille du cortège planétaire de ces astres « normaux » : certains soleils illuminent jusqu'à trente mondes dotés eux-mêmes de satellites, alors que d'autres ne sont escortés que d'un seul et unique compagnon – en pratique, toutes les combinaisons sont possibles, même si la théorie implique certaines limites.

D'autres conditions sont nécessaires pour valider la classification en type terrestre : une rotation propre et révolution sidérale ne s'écartant pas trop des valeurs spé-

cifiques de la Terre, soit autour de vingt-quatre heures et trois cent soixante jours – l'écart maximum en plus ou en moins ne peut être évalué, puisque les conditions régnant à la surface influent de manière importante sur l'habitabilité. En fait, l'existence éventuelle de vie intelligente dépend fortement de la présence et de la nature de la flore et de la faune autochtones. Mais ici aussi nous nous appuyons beaucoup plus sur des conjectures que sur…

Manuel de navigation spatiale terranienne
– extrait du chapitre :
« Les mondes de type terrestre »

***

Bontainer, assis dans la grande coupole transparente de la partie supérieure de la *Gazelle*, pilotait celle-ci, en silence et à grande vitesse, vers la troisième planète. L'appareil était capable de parcourir en vol supraluminique jusqu'à deux cent mille années-lumière, et son facteur d'accélération pouvait atteindre sept cents kilomètres par seconde au carré. Les plaines de glace se rapprochaient rapidement, semblant se ruer vers le disque volant. John Sanda, installé près de Vivier, scrutait l'extérieur avec attention.

— Ce monde paraît dépourvu de vie, signala-t-il à mi-voix.

Le capitaine hocha la tête.

Tous les hommes à bord de l'*Orénoque* savaient que Bontainer avait brutalement perdu sa femme et ses deux fils quelques années plus tôt, puis qu'il avait été séparé de la fille qu'il aimait juste avant leur mariage. Ils étaient témoins des efforts qu'il faisait pour remonter la pente. À présent, le lieutenant-colonel n'était plus considéré comme un risque-tout, mais comme un capitaine apprécié.

L'aviso survola la moitié du globe à une altitude de

cent kilomètres, passant au-dessus de la calotte polaire avant de franchir une vaste toundra sillonnée de larges rivières, après quoi il parcourut d'immenses étendues forestières. L'engin vira alors de bord pour filer face au soleil et atteindre bientôt la ligne de démarcation entre le jour et la nuit. Ils se trouvaient à présent non loin de l'équateur.

— Détection ! avertit l'un des hommes.

— Où ? s'exclama Bontainer, surpris, en scrutant les écrans de son pupitre.

— Droit devant. Distance, cinq cents kilomètres. Forte émission gamma, Monsieur.

La *Gazelle* ralentit pour descendre jusqu'à une altitude de cinquante kilomètres puis, après un instant, reprit sa glissade pour se stabiliser enfin à cinq mille mètres au-dessus du niveau de la mer.

Les détecteurs crépitaient frénétiquement.

— Là, Vivier… à une heure !

Le pilote orienta le véhicule dans la direction indiquée, et sur l'écran de proue apparut au milieu de la forêt une immense trouée aux contours réguliers, comme découpée par un titanesque emporte-pièce. Elle semblait émettre sa propre clarté – tel était bien le cas, et pas uniquement dans le spectre visible : le flux de rayons gamma était maintenant si net et intense qu'il fut établi que les hommes avaient devant eux la source des radiations. Adoptant une trajectoire circulaire, l'aviso tourna deux fois autour de la zone radioactive, puis une troisième à plus basse altitude, le souffle de son passage à cent mètres à peine au-dessus des cimes des arbres générant un rugissement sonore.

Le secteur dévasté avait un diamètre de vingt kilomètres. Il s'agissait de toute évidence de l'emplacement d'une agglomération : les ruines de nombreux bâtiments étaient reconnaissables. Au centre du cercle s'ouvrait un entonnoir évasé recouvert d'une couche miroitante de matière vitrifiée et mesurant approximativement deux kilomètres de large. La *Gazelle* accomplit une nouvelle révolution autour de l'ancienne cité.

Les constructions n'avaient pas simplement été détruites – elles formaient une masse mi-fondue, mi-pulvérisée et pratiquement plane, sauf en périphérie. Les arbres bordant le cercle avaient été renversés, les troncs fracassés visibles au travers d'éclaircies dans le feuillage. Un incendie avait creusé une tranchée zigzagante à travers la végétation avant de s'éteindre, vraisemblablement lorsqu'il s'était mis à pleuvoir.

— Une explosion nucléaire, nota Sanda. Ici, en plein cœur d'une agglomération ! Soit un projectile est tombé, soit ils ont amorcé une bombe et se sont détruits eux-mêmes.

— C'est horrible ! ajouta Ken Scott. Nous nous approchons d'une planète, et la première chose que nous découvrons, c'est qu'il y a eu une guerre ! Ou bien y a-t-il une autre explication ?

— Peut-être un accident dans une usine produisant des armes atomiques ou des générateurs… ? hasarda Bontainer.

— Ce que nous voyons n'y ressemble guère, objecta le commandant en second.

À présent, l'aviso décrivait des cercles de plus en plus larges, à la recherche de survivants ou de témoignages intacts de la culture planétaire. Si le soleil figurait bien dans le manuel, celui-ci ne comportait aucune mention de ses planètes. Les hommes de l'*Orénoque* étaient donc les premiers à découvrir et visiter ces trois mondes… les premiers Terraniens, du moins. L'astronef discoïdal survola lentement un large fleuve, chacun scrutant attentivement les rives en espérant apercevoir un rescapé, une embarcation, une cabane de pêcheur, un hameau ou quoi que ce soit susceptible de leur apporter des indications sur les indigènes. Mais ils eurent beau ratisser les alentours trente minutes durant, ils ne trouvèrent rien, pas même une trace laissée par des survivants.

Aucun signal radio ; l'opérateur avait vainement balayé toutes les fréquences.

Pas la moindre fumée ; dans l'air froid et presque immobile, la plus petite volute aurait été aisément repérable à des kilomètres.

La seule et unique source énergétique détectée par les instruments ultrasensibles de la *Gazelle* était le cratère radioactif et ses environs.

Sinon, rien…

Bontainer haussa les épaules en une manifestation d'impuissance, puis il manipula les commandes de pilotage.

— Rien de rien, zéro sur toute la ligne ! grommela-t-il d'une voix sourde. Il faut croire que cette planète n'était que faiblement habitée et que toute sa population était rassemblée au même endroit.

John Sanda se tourna vers lui, la mine décomposée, et compléta :

— Et ils sont morts en ce lieu. Probablement tous en même temps. En connaîtrons-nous jamais la raison ?

— Je n'en sais pas plus que vous, John, conclut Vivier. J'appelle l'*Orénoque* ! Nous reprenons l'espace à l'instant. Tenez-vous prêts pour notre rentrée, s'il vous plaît. Nous nous dirigerons ensuite vers le deuxième globe. Terminé !

— Bien reçu ! répondit une voix depuis le vaisseau-mère.

L'aviso grimpa en chandelle et sortit de l'atmosphère pour rejoindre le croiseur de combat… Lorsque le disque volant s'en approcha, un sas béa dans le tiers inférieur de la sphère géante, et Bontainer introduisit son appareil dans l'ouverture de plus de quarante mètres de large conçue pour permettre le passage de ces petits engins de trente-cinq mètres de diamètre sur vingt de haut. Une fois le hangar repressurisé, l'écoutille ventrale de la *Gazelle* se déverrouilla, et les hommes débarquèrent.

Sitôt arrivé dans la centrale de commandement, John Sanda reprit le pilotage.

— Pendant que vous étiez en bas, nous avons catalogué les mondes de ce système, annonça le responsable de la centrale de détection. En partant du soleil, ils ont reçu les désignations d'Alpha, Bêta et Gamma.

— D'accord, approuva Bontainer. Alors, direction Bêta !

L'*Orénoque* s'élança à nouveau. Les installations d'enregistrement vidéo de l'aviso avaient transmis toutes les images, et chacun à bord du vaisseau avait pu les contempler sur les écrans. Le centralcom avait également diffusé sur les haut-parleurs du circuit intercom les parties les plus importantes des échanges entre la *Gazelle* et le croiseur. Qu'ils fussent ou non de service, tous les hommes savaient de quoi il retournait et ce qui s'était produit sur Gamma.

Le navire accéléra en s'éloignant sur la gauche de la ligne imaginaire reliant le monde de la ville oblitérée et radioactive à son astre tutélaire. Par rapport à Gamma, la planète Bêta était exactement à quatre-vingt-dix degrés du soleil.

— Plus de trois mois dans l'espace, et nous n'avons rien rencontré d'autre que guerre, défaites, destruction et attaques. Quelle époque ténébreuse ! déclara pensivement John Sanda en se laissant aller contre le dossier de son fauteuil-contour.

La masse de métal de la nef sphérique était à présent guidée par l'autopilote. À une vitesse à peine inférieure à celle de la lumière, elle filait vers la deuxième planète, à presque quarante-cinq degrés de l'étoile centrale du système.

— Il n'est pas facile d'expliquer pourquoi la Galaxie est ainsi secouée d'une fièvre de différends, exposa Bontainer. Toutes les erreurs de jugement que sont capables de commettre des créatures intelligentes sont ici en jeu.

« Envie, jalousie, soif de pouvoir, carence politique… tous des prétextes plus que suffisants pour s'en prendre à l'Empire. Nous sommes obligés de nous défendre, et nous le faisons dans la mesure de nos possibilités.

Il jeta un œil sur l'horloge de bord, procédant mentalement à une rapide évaluation du temps en fonction de la distance et de la vitesse. Il en déduisit que dans quelques minutes la deuxième planète de ce petit système émergerait des ténèbres pour apparaître sous l'aspect d'un disque à moitié éclairé paré des taches des continents, des océans et des nuages. Son autre partie resterait plongée dans la pénombre du Centre galactique où les soleils étaient si proches les uns des autres que leur clarté d'ensemble créait une obscurité diffuse et équivoque, bien différente de la nuit noire de la bordure. Elle occasionnait chez ceux qui scrutaient les écrans, hublots virtuels offrant au regard un aperçu marquant du cosmos, une tension nerveuse susceptible de se décharger d'une seconde sur l'autre. Les huit cents hommes d'équipage savaient qu'à aucun moment du voyage ils n'étaient assurés du calme – à tout instant pouvait se mettre en marche la machinerie qui créerait une brèche structurelle dans le continuum einsteinien. À chaque minute était susceptible d'éclater le combat contre un adversaire techniquement supérieur.

L'*Orénoque* commença à décélérer.

Devant lui émergea de l'obscurité étrangement transparente un hémisphère barbouillé de jaune et de bleu foncé, avec des lignes tourbillonnantes et de grandes étendues lumineuses approximativement circulaires. La planète Bêta se rapprocha, grossit sur les écrans ; les détails se précisèrent. Une curieuse bande nuageuse traversait le terminateur en diagonale. Quelques secondes plus tard, les Terraniens constatèrent qu'il ne s'agissait pas d'une couche de nuages, mais bien d'une muraille de brume jaunâtre de dimensions colossales… Elle recouvrait au moins un tiers de la surface planétaire visible. Cette zone semblait continuellement parcourue de puissantes décharges ;

à chaque seconde, des lueurs allant du blanc au jaune illuminaient les nuées.

— Je suppose que vous pensez la même chose que moi, Vivier, demanda calmement Sanda, ses yeux gris rivés à l'image offerte par les écrans de proue.

— C'est un monde qui pourrait bien avoir été dévasté, comme Gamma.

Bontainer s'efforçait de ne pas laisser transparaître son émoi et son horreur naissants.

— Démolissage gigantomatique ! Attaque de Dolan ! s'écria le Lourénien.

— C'est possible, Oomph, concéda le capitaine. Nous n'en savons rien, néanmoins nous devrons tâcher d'obtenir des certitudes.

Se penchant en avant, il appuya sur une touche ronde et prononça à mi-voix, mais en articulant parfaitement :

— Centrale de détection, s'il vous plaît !

Les hommes du pont 17 réagirent dans la seconde.

— Ici la Détection. Nous allions justement vous appeler, Monsieur. Bêta diffuse un rayonnement gamma extrêmement puissant.

— Je m'en doutais.

Un silence mortel envahit la centrale de commandement du vaisseau. Les Terraniens se voyaient à nouveau confrontés directement à l'horreur d'un monde détruit, comme quelques mois plus tôt la planète Roanok, dans le système de Kyrou.

— Disposez-vous de relevés précis ? s'enquit Bontainer.

— Oui. D'après nos instruments, toute l'atmosphère de Bêta baigne dans trente rœntgens.

Un rœntgen correspondait à la quantité de rayonnement gamma qui produisait une charge électrostatique de 0,258 millicoulomb par kilo de matière. Autrement dit, le niveau de radiation de Bêta était assez élevé pour maintenir dans son atmosphère une charge électrique de près d'un centième de coulomb par mètre cube – ce qui suffisait largement à expliquer les décharges incessantes.

— Il n'y a plus rien, là en bas, et surtout plus un seul être vivant, chuchota John Sanda.

Ses traits étaient hâves, presque cireux. Contribuer à la destruction d'un ennemi était une chose. Être condamné à l'inaction, rester impuissant face à une planète entière contaminée par la radioactivité en était une autre, et la différence était énorme.

— Comptez-vous envoyer une patrouille, capitaine ? voulut savoir le commandant en second.

Il immobilisa l'*Orénoque* à deux cents kilomètres au-dessus de la surface dévastée de Bêta.

— Oui, un aviso. Désirez-vous… ?

— Oui, bien sûr.

Une *Gazelle* fut parée en l'espace de quelques instants, et l'on informa le second qu'on n'attendait plus que lui. Les quatre hommes qui se trouvaient sur le pont 5, dans le sas du hangar, étaient tous en spatiandre ; Bontainer ne voulait prendre aucun risque. Après avoir revêtu sa combinaison spatiale, John Sanda sauta dans le puits antigrav pour descendre jusqu'au niveau 5. Moins d'une minute plus tard, le disque étincelait de chatoiements argentés dans la lumière du soleil. Il demeura visible sur l'écran de proue du croiseur jusqu'à ne plus être qu'un point minuscule sur fond de muraille de brume bouillonnante.

À partir de ce moment, l'unique lien résiduel fut la liaison audiovisuelle.

Sans quitter de l'œil une seule seconde le petit affichage placé directement en face du fauteuil du commandant, Vivier Bontainer bascula un interrupteur qui reliait sa propre console au circuit intercom général du navire.

Désormais, il était possible de regarder les images et d'écouter les échanges verbaux partout à bord.

*
* *

Le paysage n'était pas vraiment visible, une épaisse couche de brouillard descendant jusqu'à la surface. Les senseurs infrarouge de l'aviso présentaient un spectacle de dévastation absolue. À un cratère succédait un autre cratère et les matériaux de construction, piliers, plaques de béton effondrées, verre et autres étaient réduits en minuscules fragments partiellement fondus et soudés entre eux, l'ensemble constituant une fine pellicule phosphorescente qui recouvrait tout. La destruction était totale.

Entre le sol et les nuages existait toutefois une couche atmosphérique claire de plusieurs centaines de mètres de hauteur. Au-dessous de l'appareil luisait une clarté jaunâtre, parfois presque rougeâtre, coloration due à la poussière de roche pulvérisée et emportée par le vent. Au-dessus de l'aviso, qui fonçait à grande vitesse vers l'est en profitant de la zone intermédiaire dégagée, flottaient de noires et menaçantes masses de brume et de cendre, à l'instar d'une immense nuée orageuse.

— Le compteur Geiger crépite tant qu'il peut ! remarqua l'un des hommes assis près d'un John Sanda cramponné aux commandes du petit vaisseau.

Il agrippait le levier avec une telle force que veines et tendons saillaient sur le dos de ses mains.

— Les charges nucléaires ont dû détoner voici déjà un certain temps, présuma-t-il. Sinon, la structure des nuages serait différente.

Ils survolèrent les vestiges de grandes cités, de forêts et d'installations industrielles. Toutefois, la nature des bâtiments n'était plus reconnaissable autrement que par le dessin au sol de leurs murs et fondations que seuls les senseurs infrarouges rendaient suffisamment visibles.

— Il ne sert à rien de chercher quoi que ce soit de vivant ici, Monsieur, signala le voisin du commandant en second. Ils sont tous morts !

— C'est pratiquement certain, acquiesça Sanda. Mais nous continuons notre exploration ; nos observations contribueront peut-être à nous faire comprendre ce qui s'est produit sur ce monde.

— À quoi bon ? objecta quelqu'un d'autre. Ce qui est arrivé est évident ! Gamma et Bêta ont été ravagées par des armes nucléaires avec une telle efficacité qu'il est totalement exclu d'y trouver encore la moindre vie intelligente.

S'ensuivit un long silence qui ne fut finalement rompu que par le responsable de la détection. En dessous de l'appareil défilait un paysage désolé et radioactif, ou plutôt les vestiges de ce qui avait dû être un paysage : les collines avaient été arasées, falaises et rochers n'étaient plus que des formes grumeleuses amalgamées.

— Le type de bombe utilisée était particulièrement sale, il y a eu dissémination de radium. On note une forte quantité de l'isotope 226, dont la demi-période atteint 1590 années terraniennes, ainsi que quelques traces d'autres isotopes à faible durée de vie, ce qui signifie que la catastrophe remonte à quelques semaines, pas davantage. Avec un pareil taux de radioactivité, si quelque chose est encore vivant ici, il s'agit tout au plus de bactéries ultra-résistantes. Cette planète est inhabitable pour de longs millénaires.

La *Gazelle* avait à présent parcouru plus de mille kilomètres.

Tout ce que les instruments pouvaient capter était retransmis vers l'*Orénoque* au fur et à mesure. À bord du croiseur, le circuit intercom diffusait les conversations des occupants de l'aviso aussi bien que les effroyables images du chaos de nuages menaçants et d'éclairs apocalyptiques, que Sanda et ses quatre coéquipiers contemplaient *de visu*. Plusieurs centaines d'hommes frissonnèrent en regardant les écrans.

— John – Êtes-vous vraiment certain que plus rien ne vit à la surface de Bêta ?

— Absolument. D'après ce que nous avons pu voir, la population de ce monde s'est autodétruite, c'est épouvantable. Ce dont nous sommes témoins ici est un sort auquel la Terre a échappé de justesse il y a quelques siècles. Vous vous souvenez, capitaine ?

Bontainer répliqua sarcastiquement, quoique sans même sourire :

— Je ne m'en souviens pas très bien, j'étais un peu jeune à l'époque – mais je suis au courant. C'est Perry Rhodan qui a évité à la Terre de continuer à orbiter dans l'espace réduite à l'état de désert radioactif[1].

Le calme qui se répandit après cette réponse révéla la tension qui habitait l'équipage. Il fut rompu lorsque résonna la voix de l'opérateur de service de la centrale de repérage. Tous les haut-parleurs du bord cliquetèrent, puis l'homme annonça haut et fort :

— Attention ! Ici la Détection. Nous venons de capter un ébranlement de structure quintidimensionnel. L'onde de choc supraluminique nous a atteints il y a trois secondes.

— Avez-vous réussi à déterminer sa source ? se renseigna vivement Bontainer.

— Naturellement. C'est le Centre galactique. Nous vous enverrons les données exactes dans quelques secondes, capitaine.

— Bien. Sanda ?

L'intéressé répondit. Il n'avait pas attendu l'interpellation pour modifier la trajectoire de l'aviso, qui remontait déjà vers la limite supérieure du mur de brume. Celui-ci, mélange de poussière, de vapeur et de retombées radioactives, était toujours sillonné d'éclairs blêmes et se déplaçait à grande vitesse, emporté par un ouragan d'une force colossale.

— J'ai entendu, Monsieur, et nous sommes déjà en route pour rejoindre le vaisseau, signala le commandant en second.

1. Cf. *Opération Astrée*, Perry Rhodan n° 1, et *Der Atomkrieg findet nicht statt*, Perry Rhodan Heft 21 (non publié en France).

— Parfait. Revenez le plus vite possible. Nous appareillerons en direction de la source du phénomène aussitôt que la *Gazelle* aura apponté.

La réaction des détecteurs de structure de l'*Orénoque* signifiait qu'avait été produit un front d'onde similaire à celui que provoquaient jadis les unités de l'Empire lors de leurs transitions hyperspatiales. L'univers einsteinien s'était entrouvert en un lieu dont les coordonnées exactes restaient encore à déterminer, engendrant une oscillation supraluminique. L'activité d'un puissant transmetteur de matière était également susceptible d'occasionner une telle impulsion. Compte tenu de la force du signal, il ne fallait pas être grand clerc pour comprendre qu'à un certain endroit s'était passé quelque chose d'extraordinaire. La nature de l'événement, elle, demeurait pour le moment inconnue.

— Le sas est prêt ? se renseigna John Sanda.

— Grand ouvert, et n'attendant plus que votre manœuvre d'appontage, assura le garde en poste dans la cabine du hangar. Vous pouvez y aller.

Pendant ce temps, Bontainer programmait déjà la positronique.

Il avait sous les yeux les coordonnées transmises par la centrale de détection, affichées sur un petit écran. Le Lourénien, installé derrière le fauteuil du capitaine, surveillait les faits et gestes de celui-ci par-dessus son épaule.

Deux témoins s'allumèrent sur la console.

Jetant un rapide regard vers ces derniers, Vivier sut que la *Gazelle* était rentrée et que John Sanda serait de retour dans la centrale d'un instant à l'autre. Il estima inutile de déclencher une alerte : tout le monde à bord était au courant. Les hommes étaient prêts et dans l'expectative – affichant un calme apparent, mais les nerfs tendus. Le croiseur prit son essor, accélérant dans la direction approximative selon laquelle le vaisseau se déplacerait dans l'espace linéaire.

— Quoi se passe, Vivier ? demanda Oomph Amber de sa voix aiguë et hachée.

Ses oreilles pointues, plantées presque au sommet de son crâne et ornées à leurs extrémités de toupets fibreux, vibraient d'excitation.

— Il va y avoir de la bagarre, Oomph, murmura Bontainer.

— Bagarre ? Éradiquer *lusker* Dolan ?

— Peut-être…

— Autre endroit dans l'espace ?

— Oui. Plus près du Centre. L'astrogation risque de devenir difficile.

Entrant en trombe, John Sanda jeta le casque léger de son spatiandre sur l'une des petites tables avant de se laisser tomber en haletant au fond du fauteuil voisin de celui du commandant. Un simple coup d'œil sur les instruments lui suffit pour apprendre ce que le capitaine avait préparé : une manœuvre linéaire était imminente.

— Le front d'hyperonde provient presque exactement de la direction perpendiculaire au Centre galactique, expliqua Bontainer sans crier gare.

Les hommes étaient tranquillement affairés à leurs pupitres, et les coordonnées de la réémersion à la fin du trajet dans l'entr'espace étaient déjà prêtes. L'objectif était fixé, il ne restait plus à l'*Orénoque* qu'à plonger dans l'espace linéaire.

— Distance ? s'enquit brièvement le second en s'allumant une cigarette.

Ses yeux brillaient encore des horreurs contemplées sur Bêta.

— Deux cent quatre-vingt-trois années-lumière, John, répondit Vivier en même temps qu'il jetait un regard sur l'indicateur de vitesse.

Les chiffres grimpaient lentement, dépassant pendant qu'il les lisait la valeur de deux cent soixante-dix mille kilomètres par seconde.

— Il était fort, cet ébranlement ?

Le capitaine désigna les données affichées en face de lui. Sanda parcourut les longues colonnes de nombres et de formules mathématiques avant de siffler doucement entre ses dents.

— Diable ! commenta-t-il à mi-voix.

— Capitaine Bontainer trop plein de méfianceté ! affirma le Lourénien en émettant un ricanement monocorde – et en planquant soigneusement le briquet plat et rutilant qu'il venait d'escamoter de l'accoudoir d'un des fauteuils-contours en profitant de ce que nul n'était tourné dans sa direction.

Amber était un incorrigible kleptomane, irrésistiblement attiré par tout ce qui brillait ou miroitait, objets neufs ou usagés. Il aurait subtilisé une *Gazelle* fraîchement sortie des chantiers navals – s'il avait pu la cacher dans sa cabine.

A contrario, il était d'une naïveté qui contrebalançait entièrement son habileté de voleur. Toute personne ayant « égaré » quelque chose s'intéressait immédiatement à lui, et sa cabine était fouillée à intervalles réguliers par des officiers ou des hommes d'équipage indignés, qui y retrouvaient systématiquement ce qu'ils cherchaient. Amber, pas démonté pour deux sous, poursuivait *lusker* ses larcins.

— Oomph a raison, reconnut Bontainer. J'ai tendance à être très soupçonneux. Et les gars au-dessus de nous (il braqua un index vers le plafond, voulant parler du pont 17) le sont tout autant.

Pivotant pour observer l'écran de poupe sur lequel apparaissait encore la planète Bêta à présent réduite à un point ainsi que son soleil, Sanda sentit une secousse ébranler le vaisseau. Au même instant, les étoiles s'effacèrent de la galerie panoramique pour être remplacées par la curieuse structure de la zone de libration.

— Un Dolan isolé est-il en mesure de provoquer une onde quintidimensionnelle aussi forte ? s'interrogea le capitaine à voix haute.

Le commandant en second haussa les épaules.

— Ce n'est pas impossible, rétorqua-t-il. Nous verrons bien. Quoi qu'il en soit, je…

Vivier le fit taire d'un geste négligent.

— C'est tout vu ! déclara-t-il en s'approchant du micro et en appuyant sur la touche d'activation du circuit intercom général.

— Ici le capitaine, prononça-t-il haut et clair.

Sa voix était audible dans tous les locaux du navire, y compris dans les cabines des hommes en période de repos.

— Nous filons actuellement dans l'espace linéaire vers une destination à laquelle un Dolan nous attend peut-être. Je vous informe donc que nous serons en état d'alerte conditionnelle à partir de la seconde à laquelle nous resurgirons hors de l'entr'espace. Inutile que je m'étende davantage, vous savez tous ce que vous avez à faire. Merci. Terminé !

Son index relâcha le contact.

— Bon, récapitula-t-il. Nous y allons, et quoi qu'il arrive, nous sommes parés !

Sur le pont 23, dans la centrale de tir, Ken Scott se préparait. Assis derrière le système d'acquisition de cible, il vérifia les fonctions du canon transformateur tout en échangeant quelques mots avec ses assistants. Pour lui, la bataille pouvait se déclencher n'importe quand. Lui et ses hommes anticipaient l'agression de pied ferme.

— Est-ce que des signaux modulés quelconques ou des impulsions altérées ont été captés, capitaine ?

Bontainer assura que non.

— Rien. La situation est mystérieuse – donc dangereuse.

Les astrogateurs du vaisseau avaient calculé une trajectoire complexe. L'*Orénoque* poursuivit son chemin entre la quatrième et la cinquième dimension.

Il perça enfin la ligne de démarcation imaginaire entre la zone de libration et le continuum einsteinien. L'attente commença sur-le-champ, et la nervosité reprit possession de l'équipage.

Ils étaient sur les lieux.

La première réaction de John Sanda fut de regarder l'horloge de bord – pour s'étonner brièvement en réalisant combien de temps s'était écoulé.

— L'espace einsteinicien. Satanément *schreff* !

Oomph Amber semblait se délecter de la tension qui avait brusquement envahi le croiseur. Ramenant ses jambes filiformes vers lui, il s'assit confortablement tandis que ses traits adoptaient une expression singulièrement innocente. Il paraissait se sentir parfaitement à son aise. Pour Bontainer, c'était un signe indubitable : dans tout le navire ne circulaient que des émotions agréables au Lourénien.

*
* *

— Ici la centrale de détection. Le vaisseau se trouve exactement en face de la zone où s'est produit l'ébranlement de structure.

À l'intérieur du vaste espace surplombé par la galerie panoramique, la voix se réverbéra plusieurs fois.

Sur les écrans, le spectacle était extraordinaire – et inquiétant.

Six soleils composaient une étrange constellation. Quatre d'entre eux dessinaient un rectangle que le segment de droite délimité par les deux derniers traversait telle une aiguille plantée dans une feuille de papier.

— Six étoiles… murmura Bontainer en reliant son poste à la section qui venait d'appeler.

— Je pense ne pas me tromper en disant que découvrir l'emplacement exact de la source de l'onde de choc ne sera pas une partie de plaisir !

La réponse fut rien moins qu'encourageante.

— Nous avons calculé que le front est apparu ici, quelque part dans les parages de ces six astres. Il est venu de là, c'est une certitude à cent pour cent. Mais près de quelle étoile cela s'est manifesté, nos appareils ne peuvent le préciser. Désolés, Monsieur.

Le capitaine eut un ricanement bref.

— Pas tant que moi ! grogna-t-il. Nous n'avons pas d'autre choix que de nous approcher de chaque soleil l'un après l'autre pour vérifier. Cela pourrait nous prendre des semaines. Nous allons donc nous occuper en priorité des étoiles dotées de compagnons planétaires. D'abord les planètes, les astres solitaires ensuite.

Oomph Amber lâcha un rire strident avant de toussoter nerveusement et de s'exclamer :

— Très cloaqueux ! Si chaque soleil a cinq planètes, longueuse escale inévitible !

John Sanda ne put se retenir d'éclater de rire en dépit du fait que le Lourénien avait mis le doigt exactement sur le point sensible.

— Nous pouvons facilement déterminer cela, Monsieur, assura l'opérateur de la centrale de repérage. Un instant, je vous prie.

Les six soleils brillaient sur l'écran panoramique face à Sanda et Bontainer. L'image dérivait petit à petit vers la droite avec une lenteur aussi tranquille qu'horripilante, et cela parce que l'*Orénoque* se déplaçait à présent à faible vitesse tout en virant progressivement sur la gauche pour mettre le cap vers l'étoile la plus proche.

— La carte, Monsieur !

Un moniteur s'alluma entre le commandant et son second, montrant six points lumineux, chacun affecté d'un numéro de un à six. La centrale de détection avait ainsi classé les différents astres suivant un principe d'identification simple et précis.

— L'éloignement moyen entre les six soleils pris deux à deux est de zéro virgule sept année-lumière. Les numéros un, deux et six ont des compagnons. Le soleil numéro 1… Avec le repérage lointain et les détecteurs de masse, nous pouvons constater la présence de trois planètes. Le soleil numéro 2 en a quatre, et le 6 n'en a qu'une seule mais qui semble assez grosse, environ trois fois la masse de la Terre.

— Merci, dit Bontainer avant de réfléchir rapidement.

Ayant achevé son changement de cap, l'*Orénoque* continua sa course en ligne droite vers l'étoile la plus proche, qui était en même temps le soleil numéro 1. Vivier n'avait toujours pas arrêté son choix de l'objectif. Il poursuivit ses cogitations.

— Je suis diablement indécis, finit-il par avouer à Sanda. Ces étoiles sont si voisines les unes des autres que nous sommes dans l'impossibilité de déterminer l'origine de l'onde de choc. Nous sommes obligés de fouiller les planètes l'une après l'autre. Par ailleurs, nous pourrions avoir été repérés par un Dolan planqué à proximité de l'un des huit globes ou sous la couverture anti-détection d'un des six soleils. Je pense que le mieux est de commencer par le monde extérieur du numéro 1.

Reprenant les commandes, il lança le croiseur de combat dans l'accélération préalable à une plongée linéaire, puis il se brancha sur l'intercom pour s'adresser à l'équipage.

— Messieurs, à partir de cet instant nous sommes en état d'alerte pleine. Cette consigne est à relayer. Je ne tiens pas à risquer que l'un d'entre vous soit surpris en plein sommeil ou sous la douche au moment où les événements se précipiteront. Nous nous dirigeons vers le soleil de gauche pour explorer la dernière de ses trois planètes, après quoi nous passerons à la seconde, *et cætera*.

« Il se peut que nous soyons pris à partie par un ou plusieurs Dolans. Toutefois, nous ignorons encore la cause de ce qui a provoqué un ébranlement de structure aussi puissant. Aussi devons-nous nous tenir prêts à toute éventualité. Terminé !

Le vaisseau se prépara à quitter l'espace-temps normal pour resurgir peu après sur l'orbite de la troisième planète du système solaire le plus proche. Nul ne savait ce qui attendait les huit cents hommes de l'*Orénoque*. À bord, la tension grimpa comme le mercure dans un thermomètre primitif. Pour l'instant, elle demeurait dans des valeurs acceptables.

Six soleils… Huit planètes…

Quelle mauvaise surprise les guettait, si près du cœur de la Voie Lactée ?

CHAPITRE III

Toute tentative de classification exacte est contrariée par les particularités de mondes qui, de prime abord, paraissent hostiles au métabolisme terranien pour se révéler après les premiers examens approfondis comme parfaitement habitables, même si les conditions environnementales peuvent le plus souvent être qualifiées d'atypiques.

Nous allons nous intéresser ici à plusieurs configurations regroupées dans ce manuel sous le qualificatif de « type vénusien ». C'est en effet la deuxième planète du système de Sol qui est à l'origine de cette désignation.

De nombreux globes de taille et de masse analogues à celles de la Terre ont leur surface cachée en permanence sous une atmosphère opaque. Les premiers relevés spectroscopiques indiqueront que cette atmosphère est enveloppée d'une couche de brume imperméable, le plus souvent des nuages ou de la vapeur comprimée, et contenant un fort taux de dioxyde de carbone. À ce stade des observations, et sous réserve que la température sous-jacente soit compatible avec l'apparition de la vie, on peut présumer avoir affaire à un monde de jungles (c'est-à-dire que plus des neuf dixièmes de la surface sont couverts de forêts vierges ou de formes végétales équivalentes).

L'anhydride carbonique de l'atmosphère se laisse traverser par le rayonnement solaire, qui parvient jusqu'au sol. Ce dernier s'échauffe, réémettant une partie de cette énergie sous forme thermique, c'est-à-dire des infrarouges qui sont, eux, presque complètement absorbés par le gaz carbonique. Cette atmosphère agit donc en accu-

mulant la chaleur comme une verrière, c'est ce que l'on appelle « l'effet de serre ». Ce phénomène peut présenter des avantages, mais aussi des inconvénients…

Manuel de navigation spatiale terranienne
– extrait du chapitre « Les marques distinctives
des mondes de type terrestre »

*
* *

Une image apparemment ordinaire, et pourtant à chaque fois d'une nouveauté excitante : un vaisseau s'approchait lentement d'une planète. L'aspect offert par celle-ci dépendait de la direction de provenance par rapport au soleil – depuis le mince croissant pour une arrivée en droite ligne de l'espace extérieur, jusqu'au disque plein en cas de trajectoire passant entre le globe et son astre tutélaire.

Une forme ronde et lumineuse sur un arrière-plan obscur : cette fois, la nef survolait la face diurne d'un monde éclairé par une étoile jaune pâle de type Procyon dont la température de surface était de sept mille degrés. Ce n'était en aucun cas la configuration sphérique, si commune dans l'Univers qu'elle en devenait monotone, qui fascinait les hommes de l'*Orénoque*, les regards rivés aux écrans rectangulaires sur lesquels grossissait peu à peu la troisième planète du soleil numéro 1.

— Tous nos instruments sont braqués sur ce monde, signala la voix de l'opérateur de service à la centrale de détection. S'il y a là en bas ne serait-ce qu'une seule machine plus volumineuse qu'un grille-pain, elle ne nous échappera pas. Jusqu'où comptez-vous vous rapprocher, Monsieur ?

— J'ai l'intention de pénétrer directement dans l'atmosphère afin de ne pas disperser notre puissance de feu, fut la réponse de Bontainer.

Le croiseur de bataille poursuivit sa descente, puis

modifia son cap avant de reprendre de la vitesse. Parvenu à une altitude de vingt-cinq kilomètres, le commandant adopta une trajectoire qui lui ferait effectuer le tour du globe en trente minutes. Il survola un pôle, puis l'autre, décrivit un immense cercle autour de l'équateur, après quoi il changea à nouveau de direction pendant que les antennes, senseurs thermiques et optiques, analyseurs en tous genres passaient au crible chaque kilomètre carré de la surface.

— Détection ? appela Bontainer après que deux heures se furent écoulées.

— Rien, Monsieur ! Des troupeaux d'animaux et des forêts. Cette planète n'héberge que des formes de vie primitives. Nous n'avons évidemment repéré aucun Dolan, ni même la moindre émission d'énergie. L'unique chose à avoir fait réagir nos capteurs était un énorme feu de brousse.

— Merci. Nous cessons les recherches.

Reprenant de la hauteur, l'appareil regagna l'espace pour filer en direction du globe suivant. À l'intérieur du vaisseau, l'équipage s'activait avec fièvre et silence. L'état d'alerte pleine impliquait que chacun sans exception soit en mesure d'agir à tout moment conformément aux tâches qui lui étaient imparties.

— Qu'est-ce que vous me conseillez, John ? interrogea Bontainer. Dois-je faire appel aux corvettes ?

Le commandant en second posa les deux mains sur son pupitre avant de se concentrer tout en suivant du regard sur les écrans de poupe la planète qui rétrécissait à vue d'œil. Ce qui se voyait encore quelques instants plus tôt comme une immense sphère marquée de reliefs n'était plus à présent qu'une image, celle d'une demi-lune tavelée de nuages blancs.

— La situation est délicate, je dois le reconnaître. D'un côté, nous gagnerons du temps en explorant simultanément les mondes restants ainsi que l'espace local des trois étoiles solitaires ; de l'autre, nous risquons de perdre beaucoup plus si nous sommes attaqués.

Vivier se fendit d'un sourire presque imperceptible : il semblait avoir trouvé la solution.

— Nous affaiblissons notre puissance de feu, c'est exact. Toutefois, ce n'est pas l'apparition d'une armada que nous escomptons, mais celle d'*un* Dolan. Et en tel cas, neuf assaillants sont plus efficaces qu'un seul, même si le danger est plus grand. Je lance les corvettes.

Il enfonça l'une après l'autre huit touches qui mettaient la centrale de commandement en communication directe avec autant de secteurs différents du croiseur.

— Les lieutenants Codiak, Wolff-Rayet, Shelstar, Pasageyn, Konkam, Lyman, Evektian et Argelander sont priés de me rejoindre immédiatement sur la passerelle. Pendant ce temps… (il connecta un canal supplémentaire) je demande aux équipages réguliers des huit corvettes de monter à bord. Équipement standard, hangar paré aux éjections. Terminé !

Deux minutes plus tard, huit silhouettes surgissaient des entrées de deux puits antigrav. Bontainer pivota avec son fauteuil, notant le regard avide du Lourénien qui détaillait les boucles des ceinturons, les crosses scintillantes des armes de service et les boutons étincelants des uniformes. Trois des hommes avaient déjà revêtu leurs spatiandres légers.

Lorsque le lieutenant-colonel avait pris le commandement du navire et procédé aux premiers vols d'essai dans la banlieue du Système Solaire, il s'était aperçu, à sa grande surprise, que les huit lieutenants représentaient le tiers d'une même promotion sortante de l'Académie Spatiale de Terrania, et que leur affectation sous ses ordres serait leur première expérience du feu. Après cela, il n'avait cessé de s'exercer avec eux au cours des trois mois et demi qui s'étaient écoulés depuis lors. Il n'y avait que peu d'astronautes assez talentueux pour se voir confier le commandement d'une chaloupe – et trois affrontements avec des Dolans lui avaient prouvé qu'il ne s'était pas trompé sur ces hommes.

— Lieutenant Codiak, vous prendrez la corvette 1 pour visiter la deuxième planète de ce système, celle vers laquelle nous nous dirigeons présentement. Vous partez immédiatement !

« Et... ceci s'adresse à vous tous :

« L'héroïsme n'est pas de mise ! C'est une chose que nous ne pouvons en aucun cas nous autoriser, vu que nous opérons pour ainsi dire dans l'inconnu. À moins que vous ne vous trouviez en difficulté, demandez-nous le feu vert avant d'ouvrir les hostilités. Et veillez à ne perdre le contact à aucun moment. Me suis-je bien fait comprendre ?

— Oui, Monsieur ! retentit un chœur de huit voix.

Oomph Amber enregistra l'octuple approbation et se redressa, droit comme un i. L'anneau duveteux encerclant son cou s'agita comme l'herbe dans la tempête.

Le lieutenant Codiak se rua vers la sortie de la centrale de commandement pour rejoindre son unité et son équipage.

— Wolff-Rayet, vous vous occuperez de la première planète de ce système avec la corvette 2. Vous la sondez avec tous les moyens dont vous disposez – en restant en permanence en liaison avec nous. Compris ?

L'intéressé salua succinctement avant de prendre le même chemin que son prédécesseur, et ses collègues le suivirent au fur et à mesure que le capitaine leur attribuait leurs objectifs. Partout sur le pont 15 hurlaient les sirènes pendant que les écoutilles se fermaient, que les machines démarraient et que les équipes se hâtaient vers leurs chaloupes respectives. Les préposés aux sas, postés à l'abri de leurs cabines, les doigts sur les boutons de commande des servomécanismes, attendaient le signal pour agir.

— Vous, lieutenant Argelander, je vous charge de l'unique planète du soleil numéro 6. C'est le plus éloigné de notre position actuelle, et je pense vous connaître comme étant le plus raisonnable du groupe. Ne nous décevez pas, mon gars ! l'encouragea Bontainer en gratifiant l'officier de vingt-cinq ans d'une tape sur le haut du bras.

— Non, Monsieur !

Trois minutes plus tard exactement, la huitième corvette franchissait le sas de son hangar avant de mettre le cap vers sa destination. Dès que les écoutilles extérieures furent refermées, l'*Orénoque* accéléra brusquement en direction du soleil numéro 1, avec pour objectif de s'abriter sous la couverture anti-détection de l'astre en vue de scruter l'espace intérieur de ce système pendant que les huit chaloupes exploreraient les différents corps célestes locaux.

Enfin, Vivier s'accorda une pause pour s'allumer une cigarette.

La fumée s'éleva avant de planer un moment devant l'un des petits écrans, puis elle fut aspirée par l'un des purificateurs d'air à l'instant où les haut-parleurs émettaient un craquement. Ce bruit alerta les hommes occupés dans le poste central : ils devinaient instinctivement qu'un événement imprévu venait de se produire.

— Ici la Détection, se manifesta une voix familière.

— Oui ?

— Nous avons tout juste repéré un nouvel ébranlement de structure, mais considérablement plus faible que celui qui nous a attirés vers ce secteur. L'évaluation est en cours, toutefois il se pourrait bien que ce soit réellement un Dolan, cette fois.

— Merci ! fut l'accusé de réception de Bontainer. – Eh bien, nous avons trouvé ce que nous ne cherchions pas ! commenta-t-il à l'intention de John Sanda.

— En effet ! Et maintenant ?

Le capitaine haussa les épaules.

— Nous attendons que la Détection nous en apprenne davantage. Pas question d'agir au petit bonheur, et encore moins de s'affoler.

Le Lourénien sourit en considérant pensivement l'ardillon de la boucle d'un ceinturon de spatiandre, qu'il tenait dans sa main dont les doigts fins et osseux évoquaient des racines noueuses. Puis il toussota.

— Mais c'est *geimig*, capitaine ! s'écria-t-il.

Vivier fit comme s'il n'avait rien entendu.

***

L'averse tombait presque à la verticale, rebondissant sur les branches et les épaisses feuilles nervurées à l'aspect tanné en engendrant un fin brouillard. Sur les troncs noirs et rendus glissants par l'humidité proliféraient des moisissures jaune d'or, rouge feu et bleu nuit, conformées comme de la mousse de plastique que l'on aurait pulvérisée d'acétone ; une surface rongée, percée et vibrant à chaque fois qu'une grosse goutte s'y écrasait. Des pseudo-scolopendres d'un vert acide et des araignées dodécapodes se déplaçaient d'une démarche incertaine, leurs corps aux longues pattes oscillant au-dessus des végétaux parasites.

La pluie n'épargnait pas la visière du casque.

L'eau se rassemblait dans un repli stable avant de s'écouler de part et d'autre pour cascader par-dessus le joint du spatiandre et dévaler la lourde combinaison. Le visage derrière la visière restait au sec. L'expression qui s'y lisait était pareille à celle qu'aurait eue un coureur qui serait tombé juste avant de toucher au but, avec l'impression qu'un obstacle infranchissable se dressait entre lui et la ligne d'arrivée.

C'étaient les yeux qui différenciaient ce visage de beaucoup d'autres.

Des yeux gris qui paraissaient contempler en permanence des abysses insondables, comme s'ils s'efforçaient de reconnaître le principe sous-tendant toutes choses.

Des yeux froids, presque durs, entourés de replis de chair.

Des yeux étrangers.

En dépit du profond épuisement qui se lisait sur ses traits, l'homme affichait une mine à la fois narquoise et désabusée. Comme si, malgré son extrême lassitude il savait ne pas avoir chu, mais – bien pire – avoir été bloqué. Entre le front et la lèvre supérieure emperlés de sueur, le nez à l'arête rectiligne encadré par des pommettes tombantes était bordé d'un côté par une fine cicatrice blanchâtre. Un observateur attentif aurait également pu constater que les lèvres remuaient légèrement, comme si leur propriétaire se parlait à lui-même.

Il se tenait, solitaire, entre deux troncs d'arbres grotesquement tordus, surveillant le cortège des hommes et des femmes qui se hâtaient non loin de lui. Chaque fois que la tempête hurlante se calmait pour une brève seconde, le personnage isolé dans l'obscurité de la jungle tropicale revoyait le plateau duquel ils s'étaient retirés. À quelques centaines de mètres de lui, derrière la brume et le rideau de pluie, entre les troncs oscillants, les branches agitées et les feuilles fouettant furieusement, se dressait un rempart paraissant composé de roche et de terre.

Les yeux froids de l'homme regardaient tout cela.

Et derrière ces yeux se déchaînait un maelström de pensées. Des pensées qui étaient à l'origine de l'impression de regret lisible dans ses prunelles. Près de cinq mille personnes avaient déployé une fantastique énergie pour arriver jusqu'ici, et il semblait à présent qu'elles allaient mourir à un millimètre de l'huis protecteur de leur maison. Presque cinq mille hommes et femmes, ainsi qu'une demi-douzaine d'homuncules et un quatuor de créatures qui soutenaient de toutes leurs forces la cause des Terraniens, alors qu'elles n'avaient aucun lien de parenté, si ténu fût-il, avec l'Humanité.

Les bras de l'homme remontèrent doucement.

Sa tête pivota lentement. Ses paupières se fermèrent instinctivement lorsqu'une nouvelle rafale gifla le casque, le recouvrant d'une pellicule liquide et aveuglant son occupant. Alors un gant gris foncé essuya la visière, ne laissant sur la surface hydrofuge que quelques gouttelettes. Derrière le spectateur solitaire, un lézard-catapulte surgit dans un fracas de buissons écrasés, balayant d'un coup de patte un arbre adulte avant de tourner son museau crocodilien vers la procession d'êtres qui défilaient à proximité de l'homme, silhouettes épuisées et inconscientes du danger.

Les micros extérieurs retransmirent dans les écouteurs du casque le hurlement de l'ouragan tropical, le craquement des troncs et le crépitement tour à tour augmentant et faiblissant de la pluie qui déchiquetait les feuilles avec la force d'une tempête de grêle.

Agitant ses quatre ailes membraneuses tendues sur des membres osseux, la bête se redressa comme un oiseau aquatique se préparant à l'envol avant de pointer sa gueule à l'instar d'un cobra qui s'apprêterait à mordre.

Dans le réticule, le mufle à l'aspect de cuir gris glissa vers la gauche, puis l'arme vrombit. Un rayon jaillit de l'embouchure. Le lézard bascula, labourant le sol de ses griffes tout en étirant son cou vers le haut. Sa langue s'enroula telle une catapulte pour se détendre brusquement en éjectant dans les airs une boulette d'une étrange substance nauséabonde, qui fut aussitôt emportée par la tempête et projetée dans la forêt tropicale, loin derrière le cadavre. Immédiatement après, résonnèrent les cris sauvages de petits animaux.

Perry Rhodan prit une profonde inspiration, puis il laissa retomber le radiant lourd qu'il tenait des deux mains.

Il pivota vivement quand, l'espace de quelques secondes, le soleil brilla. Après quoi la brume bouillonnante engloutit les lieux de l'incident sur le monde qui avait reçu le nom plein de promesses de *Retour*.

Retour… à présent, cela sonnait comme une sinistre plaisanterie.

Tout paraissait pourtant rassurant : l'étoile autour de laquelle orbitaient deux planètes était du type G-3. L'un des globes était une géante glacée de méthane-ammoniac, fugacement examinée avec les instruments de repérage lointain pendant que les vaisseaux fonçaient vers l'intérieur du système. « Retour », par contre, était un monde bouillonnant à la surface duquel le simple fait d'ouvrir son casque pour respirer l'air extérieur pouvait représenter un risque mortel.

Quelqu'un héla Rhodan par le biais de son microcom.

— Tout va bien, Stellarque ?

La voix tranquille était celle de l'Arkonide, qui protégeait la progression des cinq mille personnes depuis l'autre côté de la piste.

— Oui, à part quelques bestioles déjà connues. Où en est la tête de la troupe ?

— Ils commencent à se mettre à l'abri à l'intérieur des cavernes. Il semble que dans nos malheurs tout ne soit pas négatif : nous serons relativement en sécurité dans les grottes découvertes par Harl Dephin et les Halutiens. Peut-être pourrions-nous avancer un peu…

Le Premier Terranien soupira.

— Que faire d'autre, ami Atlan ?

Silence.

Perry Rhodan et les occupants du *Krest IV* – qui n'était plus à présent qu'un vaisseau fantôme, un nouvel avatar du Hollandais Volant –, ainsi que les Halutiens privés de leurs petites nefs sphériques, tous étaient maintenant dans une profonde détresse. Grâce aux spatiandres de combat, ils avaient réussi à se poser indemnes sur ce monde, mais leurs ressources étaient extrêmement réduites. Ils manquaient de bouteilles d'oxygène, de pièces d'équipements de toutes sortes, de denrées comestibles et de médicaments.

Le Stellarque avait finalement décidé d'abandonner le haut plateau. Pour économiser les générateurs des combinaisons, l'évacuation se faisait à pied. Une autre bonne raison de se déplacer ainsi était de limiter le risque d'agression par les lézards-catapultes qui, s'ils étaient relativement maladroits à terre, se révélaient formidablement habiles – et mortels – lorsqu'ils évoluaient dans les airs.

Ces animaux étaient des ptérosauriens de vingt mètres de long avec des museaux fort semblables à ceux des crocodiles terriens. Toutefois, à la différence de ces derniers, leur arme principale n'était pas leurs dents, mais leur langue qu'ils étaient capables de dérouler brusquement en éjectant un grumeau de bave colloïdale consistante dont la portée pouvait atteindre trois cents mètres. En touchant un obstacle ou la peau de leur victime, ces boules éclataient en répandant un suc corrosif qui pénétrait bois, acier, et même le matériau des spatiandres de combat. Un homme était déjà mort ainsi ; ils l'avaient inhumé au pied d'un arbre gigantesque, sur la rive d'un marais.

Il y avait heureusement une parade : le processus de corrosion neutralisait rapidement l'acide, aussi serait-il suffisant de dresser des barricades avec des troncs d'arbres et des élévations de terre devant les entrées des cavernes.

— J'appelle le Paladin ! lança Rhodan en sortant du couvert des arbres pour observer la queue du convoi.

Quelques hommes portaient un blessé.

— Ici le Paladin. Au cas où vous comptiez le demander, Monsieur, je puis vous dire que nous émettons en permanence. En tant que plus puissante source d'énergie, nous nous efforçons sans cesse d'établir le contact avec les Terraniens. Malheureusement, je n'ai strictement rien capté jusqu'à maintenant. Je vous avertis immédiatement si je reçois quelque chose.

— Merci, se borna à répondre le Stellarque.

Il était touché par le total dévouement avec lequel chacun des milliers de rescapés du grand saut intergalactique s'acquittait de sa tâche. Tous s'activaient, se démenaient et s'entraidaient, non seulement en vue de leur survie personnelle, mais encore en assistant tous ceux qui avaient besoin d'aide. Cette vague de solidarité absolue était significative.

*
* *

Ils s'étaient résignés à quitter le haut plateau de la planète Retour. Les ouragans furieux leur avaient rendu le séjour intenable. Les pluies diluviennes qui tombaient à torrents ravinaient le sol en abattant les frêles abris, emportant terre et plantes et faisant de chaque mètre à parcourir une épreuve de force.

Au début, ils avaient choisi la voie des airs.

Près de cinq mille hommes et femmes s'étaient envolés en direction de l'ouest, propulseurs dorsaux allumés. Rhodan revoyait la scène comme s'il l'avait encore sous les yeux.

Tel un essaim de fourmis volantes, livré à la violence des tempêtes, des milliers de petits points s'étaient éloignés du plateau pour se diriger vers un secteur où l'ouragan ne déferlait pas avec cette fureur apocalyptique. Puis les Halutiens étaient partis en avant-garde – et avaient découvert la chaîne de montagnes.

Elle se dressait au nord, à moins de cent kilomètres. Quand on prenait de l'altitude et qu'une éclaircie entrebâillait l'éternel plafond nuageux, les versants abrupts devenaient visibles.

Le Premier Terranien entendait encore dans ses oreilles la voix hurlante du géant quadrumane.

— Monsieur, lui avait crié Tolot dans son microcom, nous avons constaté que ces montagnes sont partiellement d'origine volcanique. Il y a derrière la première barrière une immense cuvette en forme de cône renversé et dont les parois sont criblées de trous.

Tout en repoussant à coups de désintégrateurs un des grands lézards volants qui paraissait avoir jeté son dévolu sur l'un des groupes de Terraniens, Rhodan avait répondu en hâte :

— Vous suggérez que nous changions de direction, Tolotos ?

S'il avait à dessein utilisé le vocatif familier, c'était parce que les gigantesques Halutiens étaient vraiment devenus au cours des huit derniers mois les meilleurs et plus fidèles amis des Terraniens. Il était évident qu'à présent leurs actions n'étaient plus motivées par leur incoercible « Désir d'Évasion », mais bien par la véritable amitié qui s'était instaurée entre les humains et ces intelligences apparentées – apparentées par le mode de pensée, l'éthique et le sens de l'entraide.

— Oui, absolument, Stellarque.

— Bien. Je vous fais confiance.

Rhodan avait donné l'ordre correspondant, et le flot apparemment infini des ressortissants de l'Empire Solaire avait changé de cap. Les différents groupes, dont certains transportaient des blessés avec eux, les remorquant adroitement dans l'ouragan, avaient pris la direction du nord pour voler à grande vitesse, plus ou moins abrités du déchaînement atmosphérique en suivant le lit déserté d'un fleuve dont le cours avait dû être détourné par un éboulement récent quelque part en amont. Une heure plus tard, ils s'étaient posés les uns après les autres sur l'une des pentes escarpées avant d'attaquer la descente en s'aidant des générateurs antigravifiques partiellement activés.

C'était une cuvette dont les flancs assez raides offraient à son intérieur une relative protection contre le vent, et dont le centre était occupé par une étendue d'eau aux agréables miroitements et à l'aspect tranquille. Les arbres et les feuilles en décomposition avaient formé au fil des siècles une sorte de berge en contre-haut de laquelle s'ouvraient d'innombrables orifices. Et à présent, c'était là-dedans que les Terraniens se retranchaient.

Le bord supérieur de la vallée était recouvert par la jungle.

Cette sylve était peuplée par les plus terrifiantes créatures de cette planète qui, importunées dans leur paix relative, sortaient de toutes parts pour assaillir les intrus. Éternellement affamées et suivant les lois qui régissaient toute survie en ce monde impétueux, elles se jetaient sur tout ce qui bougeait.

— J'appelle le Stellarque !

La voix calme et profonde arracha l'interpellé à ses pensées torturantes. C'était l'organe de l'un des biologistes du *Krest IV*.

— J'écoute, s'annonça Rhodan.

— Nous venons de procéder à l'analyse d'un échantillon de l'eau du lac du cratère, dans la mesure où le permettent les quelques instruments dont nous disposons. Je puis vous apprendre que notre problème d'eau est résolu !

Une petite étincelle d'espoir réchauffa l'homme solitaire qui, dos à la jungle, s'efforçait de protéger son équipage, le lourd désintégrateur fermement tenu des deux mains à hauteur de ses cuisses et à l'horizontale.

— Ce qui signifie que cette eau est potable ? insista-t-il d'une voix pressante et plus haute d'un ou deux tons que d'ordinaire.

— Oui. J'en ai moi-même bu un demi-litre il y a tout juste un quart d'heure, et je me sens exactement comme avant – à part que je n'ai plus soif.

— Excellente nouvelle ! Nous attendrons malgré tout encore quelques heures avant d'autoriser officiellement à consommer de cette eau. Je ne veux prendre aucun risque – nous avons déjà eu plus que notre part de mauvaises surprises.

La voix de basse resta silencieuse un instant avant de se faire à nouveau entendre.

— D'accord, Monsieur. Si je remarque le moindre changement dans mon état de santé, je vous préviens aussitôt.

— N'y manquez pas ! conclut le Stellarque.

Il perçut le déclic avertissant que le scientifique avait coupé la communication, puis il reporta son attention sur son environnement immédiat. Un peu plus loin, derrière le rideau de pluie qui tombait presque horizontalement par-dessus la crête délimitant la cuvette, il aperçut trois membres de l'équipage occupés à repousser un lézard-catapulte déterminé à se frayer coûte que coûte un chemin pour s'en prendre aux derniers retardataires de la colonne.

Plus bas, les travaux étaient en cours.

Le Paladin assistait quelques équipes constituées à la hâte afin d'abattre des arbres pour les débiter en troncs qui, une fois amenés devant les grottes et dûment plantés dans le sol, protégeraient les entrées de celles-ci. Avec des branchages, de la terre et de la boue, d'autres Terraniens colmataient les interstices des palissades de fortune, sans autres outils que leurs mains. Les bombes de bave corrosive des lézards-catapultes qui n'atteindraient pas directement l'un des hommes resteraient en grande partie sans effet.

Pendant quelques secondes, la tempête qui gémissait le long de la bordure supérieure du cratère faiblit sensiblement.

Soudain, le calme. Un calme sinistre.

Brusquement… un cri.

Ce fut pour Rhodan comme si un vaisseau décollait juste à côté de lui, sauf qu'au rugissement préhistorique se mêlait un son évoquant un trombone à coulisse. Il pivota aussi vite que le permettait le lourd spatiandre de combat pour se précipiter à l'abri d'un des deux troncs massifs proches, en pointant son arme sans attendre d'avoir aperçu quoi que ce soit dans la direction d'où était venu le mugissement.

Son regard opéra un va-et-vient entre le bas, où était toujours en chemin le dernier groupe de trente hommes, et le haut où se dressait l'impénétrable muraille de la jungle verte, puis il leva les yeux plus haut encore.

Il vit alors les deux ptérosauriens.

Ils avaient juste franchi la crête montagneuse et volaient en battant des ailes à une cadence telle qu'ossatures, articulations et membranes étaient indiscernables les unes des autres.

Le Stellarque visa avec le désintégrateur, puis un faisceau d'énergie fusa.

La tête de la première bête s'évapora, réduite en ses atomes constitutifs, et le reste du corps descendit en oscillant tel un planeur en perdition. Le feu des armes radiantes ordinaires perforait le squelette et les tissus conjonctifs des ptérosauriens sans leur causer grand mal ; seuls les désintégrateurs s'étaient révélés efficaces. Malheureusement, bien peu de ces armes avaient été emportées lors de l'évacuation du *Krest*, aussi seules les équipes de surveillance en étaient-elles pourvues.

Le second lézard poursuivit son approche décidée. Il avait repéré Rhodan.

Celui-ci tira une deuxième fois.

Il ne frappa pas sa cible de plein fouet. Le rayon déchiqueta une aile de l'animal et lui grilla le flanc, après quoi le saurien adopta une trajectoire qui le rendait presque impossible à atteindre, droit sur son agresseur. La gueule se contracta, signe que le saurien furieux se préparait à lancer une de ses boulettes d'acide organique sur sa proie. Les yeux du Stellarque s'étrécirent jusqu'à n'être plus que deux fentes étroites.

Stabilisant le lourd désintégrateur en l'appuyant contre l'écorce humide d'un tronc d'arbre, il surveilla dans le viseur l'avance de la bête. Il attendit presque la dernière seconde pour presser la détente. Le mortel faisceau toucha le lézard en pleine tête. Le monstre fit une embardée et dévia pour s'écraser par terre à dix mètres de son meurtrier. Dans la seconde qui suivit, la dépouille fut prise d'assaut par une armée de petits animaux aux griffes acérées et aux crocs d'un blanc lumineux qui s'employèrent à le déchiqueter. Rhodan se détourna, écœuré.

Le dernier groupe d'hommes s'apprêtait à investir l'une des cavités supérieures.

Dans leur quasi-totalité, les cavernes s'ouvraient dans la paroi occidentale de la cuvette. Elles étaient donc parfaitement protégées des tempêtes et presque entièrement à l'abri de la pluie. Les Terraniens pouvaient enfin se libérer de leurs casques. Et dans quelques heures, ils seraient probablement autorisés à boire l'eau du lac.

Allumant son propulseur dorsal, le Stellarque se dirigea vers l'une des anfractuosités, celle à proximité de laquelle le Paladin abattait des arbres à une cadence record et les tronçonnait en morceaux de deux mètres à l'aide de ses lames d'atronite. Les autres se chargeaient de les amener, qui roulant, qui portant, jusqu'aux entrées des grottes où ils les enfonçaient dans les trous préalablement creusés dans le sol.

*
* *

Une heure plus tard.

La pluie avait recommencé à tomber, toujours chassée presque horizontalement par-dessus le rebord du cratère, transformant le miroir de l'étendue aquatique en une surface d'un gris terne. Adossé à la paroi d'une des cavernes, assis près de l'entrée, Perry Rhodan observait l'extérieur.

Le Paladin se tenait à proximité de la berge, à environ vingt mètres de là. Le Stellarque savait que le robot sigan, dirigé et piloté par des spécialistes, diffusait un appel hypercom avec toute la puissance permise par son émetteur. Il n'ignorait pas non plus que les homuncules surveillaient tout le spectre des fréquences, prêts à saisir la moindre réponse à leur S.O.S. Quelque part derrière lui, à l'intérieur de la grotte, un des blessés gémissait.

La plupart des Terraniens, épuisés, dormaient.

L'air était chaud et sentait le renfermé. Dans un passé pas si éloigné, des animaux carnivores avaient occupé ce labyrinthe troglodytique, laissant en souvenir les remugles de leurs déjections et des résidus de leur nourriture qu'humidité et chaleur ne faisaient qu'exacerber. Depuis la première seconde ayant suivi la disparition des vaisseaux des Halutiens dans l'autre dimension, Perry Rhodan ne cessait de ressasser une pensée : ses derniers messages avaient-ils été entendus par quelqu'un ?

Il était de plus en plus convaincu que nul dans la Galaxie ne savait que l'équipage du *Krest IV* était naufragé sur la planète inconnue baptisée *Retour*. Il était pratiquement certain que personne n'avait capté l'appel au secours.

Le blessé émit une nouvelle plainte.

Il ne restait plus un seul médicament…

*
* *

Dans la centrale de commandement de l'*Orénoque*, concentrés et aux aguets, les hommes tendaient instinctivement leurs muscles. Au poste de tir, Ken Scott déplaça pour la énième fois le levier de sécurité et s'assura que son adjoint était prêt à ouvrir le feu. Le deuxième avertissement du service de repérage avait été diffusé dans tout le vaisseau et parfaitement compris. À présent, plus personne ne dormait ; le croiseur de bataille était désormais devenu un adversaire à prendre au sérieux, capable de frapper à tout moment avec une mortelle efficacité.

— Ici la centrale de détection. Nous confirmons que le dernier ébranlement de structure est considérablement plus léger que le précédent. Après analyse des caractéristiques fréquentielles, nous pouvons affirmer qu'un Dolan solitaire est sorti de l'hyperespace, regagnant le continuum einsteinien directement à l'issue d'un vol transdimensionnel. Il est exclu qu'un vaisseau émergeant de l'espace linéaire provoque un effet similaire. C'est notre quatrième Dolan.

Personne n'émit de commentaire. Le dernier mot avait sonné comme si le message n'était pas encore terminé. Et, effectivement, l'homme continua à parler – non pas d'un ton sec et nerveux mais avec la calme conviction de celui qui, sûr de son affaire à cent pour cent, ne ressentait rigoureusement aucune appréhension.

— Grâce à son rayonnement spécifique, qu'après trois

rencontres nous commençons à bien connaître, nous avons localisé avec précision la nef biosynthétique. Nous vous l'affichons, capitaine.

Devant Bontainer, l'écran auxiliaire s'illumina.

Une carte stellaire apparut, superposée à une grille autorisant une évaluation visuelle facile des distances. L'image montrait trois des six étoiles du groupe local, ainsi qu'un autre astre un peu plus à l'écart. Se basant sur la trame, Vivier estima l'éloignement de celui-ci à deux années-lumière. Un soleil d'un jaune plus soutenu que le sextuor.

Un type G-3, donc appartenant à la séquence principale du diagramme de Hertzsprung-Russell… Une magnitude absolue de 5, soit une luminosité de vingt pour cent supérieure à celle de Sol… Un peu plus de six mille kelvins de température de surface.

— Le Dolan dont vous apercevez l'écho sur cet affichage se dirige vers cette étoile – ou du moins c'est ce qu'il semble – à une vitesse d'environ la moitié de celle de la lumière. Nous le suivons avec nos instruments, et vous avez les résultats de nos relevés sur votre écran. Terminé !

Bontainer et Sanda échangèrent un regard.

Le Lourénien s'essaya à allumer le briquet en argent – une fois, deux fois, trois fois – après quoi, satisfait, il le dissimula avec soin au fond de l'une des poches de sa combinaison de bord. Dans la clarté incertaine de la centrale de commandement, ses os paraissaient glisser sous sa peau transparente, comme animés d'une vie propre, déconcertante. Amber sourit, toussota, puis s'exclama de sa voix stridente :

— Bientôt éradiquer Dolan, Vivier ?

— C'est probable. Qu'en pensez-vous, John ?

Sans quitter des yeux le moniteur sur lequel l'écho de la créature semi-vivante se déplaçait imperceptiblement en direction du soleil jaune, le commandant en second peigna d'une main ses cheveux en brosse avant de répondre :

— Y a-t-il quelque part par ici une implantation humaine que nous pourrions avoir omise ? Songez au système de Kyrou.

— Non, déclara l'un des hommes assis à proximité. Nous avons compulsé tous les documents. Dans cette région de la Galaxie, nous sommes à plusieurs centaines d'années-lumière de toute présence terranienne. Il n'y a rien par ici, pas la moindre colonie, pas même un poste avancé ou une station de recherche scientifique. Rien, Monsieur !

— Je n'y crois pas non plus, ajouta Bontainer. La soudaine apparition du Dolan doit avoir un rapport avec la super-onde de choc qui nous a nous-mêmes incités à venir ici.

John Sanda savait que l'*Orénoque*, à l'abri du soleil tout proche, était pratiquement indétectable. Le flamboiement qui aurait dû baigner le poste central était filtré par les systèmes de traitement d'image associés aux capteurs optiques. Derrière le vaisseau, dans le secteur de poupe de la galerie panoramique, tremblait et frémissait un mur de feu rouge sombre – représentation en couleurs altérées de l'étoile jaune pâle voisine. Se radossant dans son fauteuil, le second croisa les jambes l'une sur l'autre avant de commenter à mi-voix :

— Le commandant du Dolan est un Bi-Conditionné. Je pense fortement qu'il ne sait pas lui-même ce qu'il est censé rechercher. Si nous supposons qu'il a comme nous été attiré ici par l'ébranlement de structure, son apparition est assez logique. Il va essayer de découvrir ce qui s'est produit dans ce secteur, et si ses ennemis mortels, les Terraniens, ont quelque chose à voir là-dedans, il attaquera. Telle est mon opinion, capitaine.

Vivier dodelina de la tête, songeur. Puis il rétorqua :

— Comme nous le savons par expérience, les équipements de repérage du vaisseau semi-organique sont meilleurs que les nôtres. S'il se dirige prioritairement vers ce soleil-là… (il montra la minuscule tache dont le vecteur pointait sur l'étoile de type G), c'est qu'il doit avoir de bonnes raisons pour cela. Suivons-le, Messieurs !

Il éclata d'un rire bref et sans humour.

— Détection ? appela-t-il ensuite.

— Monsieur ?

— Vous avez certainement recueilli des données sur cette étoile jaune distante de deux années-lumière ?

— Bien sûr, Monsieur. Cet astre possède deux planètes. D'après le spectroscope de masse, l'une de celles-ci pourrait être de type terrestre ; peut-être un monde de type vénusien.

— Merci !

La centrale de repérage avait déterminé que le Dolan faisait route vers ce système, et à présent le moment était venu pour Bontainer de se prononcer. L'approche de la nef sphérique noire était sans équivoque : sa trajectoire était parfaitement rectiligne, comme tracée à la règle. Le Bi-Conditionné paraissait avoir une idée très précise de son objectif ; les hommes de l'*Orénoque* ne pouvaient guère en dire autant.

Brusquement, alors que le capitaine était encore en train de réfléchir, l'écho de la créature biosynthétique s'effaça de l'écran.

— Ici la Détection. Le Dolan s'est volatilisé, comme vous l'aurez constaté. Il vient de plonger dans l'espace linéaire. De toute évidence, il veut en finir au plus vite. Terminé !

Bontainer sembla d'un seul coup recouvrer ses esprits. Ses traits se durcirent, recouvrant l'expression farouche que ses hommes lui avaient connue lors des années d'exploration avec l'*EX-2333*. Ayant pris sa décision, il se redressa droit comme un i pour lancer :

— Nous le suivons et nous lui réglons son compte. Même tactique que lors des rencontres précédentes.

Le rôle du commandant ne s'arrêtait pas à cela. Il lui

restait encore à s'occuper d'un certain nombre de mesures de précaution.

— J'appelle les corvettes ! ajouta-t-il après s'être assuré que les huit canaux des liaisons directes étaient toujours actifs. Veuillez vous annoncer l'un après l'autre dans l'ordre des numéros de vos appareils.

— Un. Codiak, éructa le haut-parleur.

— Deux. Wolff-Rayet.

— Trois. Shelstar.

Et ainsi de suite jusqu'à :

— Huit. Argelander.

Tout en commençant à donner ses directives aux huit hommes, Bontainer orienta l'*Orénoque* et initia l'accélération.

— Messieurs, vous avez déjà entendu tout ce qui s'est dit. Nous abandonnons les explorations en cours pour filer vers un autre système stellaire. Nous nous retrouverons sous la couverture anti-détection du soleil jaune. Mettez-vous en route immédiatement, mais ne tentez rien. Compris ?

Ce fut de nouveau un chœur de huit voix – pas vraiment à l'unisson, toutefois.

— Oui, Monsieur !

Vivier espéra que ses consignes étaient suffisamment claires.

Pianotant rapidement sur son pupitre, il établit d'autres connexions.

— À tous les commandants des *Gazelles* ! Vous prenez l'espace pendant que nous accélérons. Vous savez que la meilleure tactique est de ne jamais attaquer sans assurer ses arrières. Nous pourrions avoir besoin des corvettes et des avisos pour nous replier. Entamez immédiatement les opérations de largage. Équipage normal, un homme au canon transformateur. Vite !

L'indicateur du gradient de vitesse du croiseur de combat flirtait avec le rouge.

Ce fut comme si le vaisseau s'émiettait tout en fonçant

dans le vide. Bontainer et Sanda gardèrent le silence, absorbés par leur travail en commun. Après tant d'années de collaboration, chacun des deux devinait presque infailliblement ce que voulait l'autre. La nef sphérique fila vers le soleil lointain pendant que les hangars ouverts crachaient les avisos l'un après l'autre. Les navires discoïdaux sortaient des sas, paraissaient rester immobiles dans le néant durant quelques secondes, puis ils se précipitaient soudain comme pour essayer de rattraper celui qui les avait éjectés. Ce processus se réitéra à dix reprises.

Huit corvettes, dix *Gazelles* et l'*Orénoque*.

Une escadre de dix-neuf unités pour attendre le Dolan de pied ferme. La destination était claire dans tous les esprits : la zone autour du soleil jaune à l'intérieur de laquelle, à cause du puissant flot d'énergie déversé dans l'espace par cet astre à chaque seconde, aucun artefact ne pouvait être localisé, ou tout au moins très difficilement. Aucun des trois premiers Dolans ne semblait s'être douté de cette tactique. Ils avaient ainsi rencontré leur destin. Maintenant venait le tour du quatrième.

Allait-il lui aussi tomber dans le piège tendu par Bontainer ?

En son for intérieur, le lieutenant-colonel espéra que sa ruse réussirait une fois encore. Il n'avait rien d'un fou de guerre, mais il savait que pour la Terre c'était une question de vie ou de mort. À partir de là, la décision allait de soi.

L'une après l'autre, les dix-neuf unités plongèrent dans l'entr'espace pour resurgir dans l'univers normal tout près du soleil jaune.

CHAPITRE IV

En période de forte activité solaire, des protubérances de plasma s'élèvent au-dessus de la chromosphère, formant des arches qui évoluent parfois en éruptions dont la durée de vie peut atteindre jusqu'à quarante-sept minutes. Lors des cycles d'activité intense, on arrive parfois à dénombrer jusqu'à dix éruptions en l'espace de vingt-quatre heures.

Alors qu'elles ne présentent rien de remarquable dans le domaine visible du spectre électromagnétique, ces éruptions méritent surtout leur nom dans le domaine des hautes fréquences (longueur d'onde inférieure à deux cents nanomètres), où leur puissance émissive peut égaler celle du reste de l'étoile dans la même gamme. Ce rayonnement ultraviolet intensif est source de perturbations, provoquant notamment un effet de brouillage des radiocommunications à l'intérieur des atmosphères planétaires, et même parfois une augmentation du rayonnement cosmique. Ce qui implique qu'un vaisseau stationnant très près d'un soleil s'avère extrêmement difficile à localiser, les appareils traditionnels s'avérant alors incapables de procéder à des mesures d'une précision suffisante.

Manuel de navigation spatiale terranienne
– extrait du chapitre « Les étoiles de type G
(type solaire) »

*
* *

Les dix-neuf unités se tenaient à proximité d'un puissant champ éruptif de l'étoile jaune. Le silence radio était de rigueur ; seuls les instruments du service de repérage écoutaient l'espace lointain, braqués dans la direction depuis laquelle devait arriver le Dolan. Alors que l'*Orénoque* et son cortège de corvettes et d'avisos avaient franchi les deux années-lumière en un unique saut, la créature biosynthétique ne cessait d'alterner parcours dans le continuum normal et plongées dans la zone de libration. Elle paraissait ne pas vraiment savoir avec exactitude ce qu'elle était censée chercher ici.

— Dolan lambineux ! ricana le Lourénien.

— Là ! s'écria Sanda en pointant du doigt sur l'écran devant Bontainer.

L'écho était de nouveau brusquement réapparu. L'image à l'intérieur de laquelle il se déplaçait était désormais différente : un point lumineux entouré de deux cercles minces comme des fils et sur chacun desquels se trouvait un autre point brillant plus petit. Le soleil, ses deux planètes et leurs orbites. À peine surgi de l'espace linéaire, le spot correspondant au Dolan vira vers la gauche pour foncer à près du quart de la vitesse luminique droit sur le premier monde. De type terrestre, avait affirmé la centrale de détection.

— Il se dirige vers la planète intérieure ! constata le capitaine.

Il échangea quelques mots avec l'un des pilotes de *Gazelle*, puis un des dix navires discoïdaux s'éloigna, chargé de découvrir pourquoi la créature semi-vivante était à ce point déterminée à atteindre ce globe en particulier.

*
* *

À présent braqués sur l'intérieur du système, les instruments de repérage du croiseur de combat étaient en mesure de donner toute leur efficacité, enregistrant simultanément la trajectoire du Dolan et le minuscule écho, presque imperceptible, de l'aviso solitaire parti vers la même destination que le Bi-Conditionné. Les récepteurs de l'*Orénoque* restaient ouverts sur le canal hypercom du petit astronef : une évolution inattendue des événements pouvait survenir, qui risquait de s'avérer plus importante que de demeurer incognito par le maintien du silence radio.

Bontainer et John Sanda attendirent.

Avec eux patientaient aussi le reste de l'équipage et le Lourénien. La tension à bord commença à s'élever : le manque apparent d'action portait sur les nerfs des hommes.

— J'appelle l'*Orénoque* ! entendit-on soudain.

Le commandant redressa vivement la tête.

— J'écoute ! répondit-il.

C'était un contact hypercom avec la *Gazelle* qui se trouvait à présent à proximité du globe-cible, mais exactement à l'opposé de la direction d'approche du Dolan.

— Je viens de capter un message – ou plutôt les bribes d'un message. Pour autant que je puisse en juger, il émane de la surface de cette planète.

— Pouvez-vous localiser sa source avec précision, mon vieux ? s'exclama Vivier, agité.

Il sauta de son fauteuil pour se figer, le nez touchant presque l'écran vidéo comme s'il pouvait ainsi réduire la distance avec son interlocuteur.

— Il faudrait que je change de position, Monsieur ! C'est apparemment émis sur faisceau étroit.

— Eh bien, changez ! Vite ! Et ne revenez pas sans le texte complet !

Plusieurs minutes s'écoulèrent, durant lesquelles le pilote décrivit ce qu'il faisait et ce qu'il voyait. Il survolait un monde couvert d'une jungle fumante et bouillonnante dont la surface semblait n'être qu'un unique pandémonium naturel – pluies diluviennes, nuages, ouragans, éclairs et tonnerre. Puis il se tut quelques secondes, à l'issue desquelles il annonça :

— J'ai le message ! En double exemplaire. Je vous l'envoie. Écoutez bien, je vous prie !

— Évidemment ! Mettez-vous en sécurité !

Les signaux, transformés en hyperénergie, franchirent instantanément les millions de kilomètres séparant la *Gazelle* de son vaisseau-mère pour y être reconvertis en ondes sonores. Toute l'armada étant interconnectée, les occupants de chacune des dix-sept autres unités n'en perdirent pas un mot eux non plus.

Ici l'équipage du KREST IV. *Nous avons fait un atterrissage forcé sur cette planète que nous avons nommée* RETOUR. *Perry Rhodan et les rescapés du* KREST IV *appellent au secours !*

Nous appelons la Terre, nous appelons les Terraniens !

Nous émettons sur la fréquence de l'Astromarine en espérant que quelqu'un nous entendra. Tout vaisseau recevant ce message doit immédiatement rallier ce monde et nous récupérer. Nous sommes environ cinq mille personnes.

Nous appelons la Terre, nous appelons tous les Terraniens !

Nous attendons des secours. Nous avons des blessés, plus de médicaments, très peu d'équipement, et les alentours sont un véritable enfer. L'urgence la plus haute est requise. Ici le Paladin I, sur ordre de Perry Rhodan, Stellarque, et d'Atlan, Lord-Amiral.

Ici l'équipage du KREST IV…

À partir de là, le texte se répétait à l'identique.

John Sanda regarda Bontainer, une expression de surprise et de confusion peinte sur le visage.

— Rhodan… ? Pourtant, Rhodan se trouvait quelque part dans la banlieue terrestre quand nous sommes partis. Que… C'est impossible ! Ça ne colle pas ! Qu'est-ce que cinq mille hommes du *Krest* seraient venus faire par ici ?

Vivier resta un instant silencieux. Puis il expliqua :

— Ils ont signé avec leurs noms et qualités au complet. C'est assez surprenant, mais je ne crois pas qu'il s'agisse d'une supercherie. D'une part, personne ne sait que nous sommes ici, et d'autre part, aucun être sensé ne serait suicidaire au point d'attirer ainsi un Dolan ou les Akonides. Allons voir !

L'*Orénoque* s'élança de nouveau.

Opérant une audacieuse manœuvre linéaire, le croiseur de bataille plongea pour se rematérialiser tout près de la planète, la position de la *Gazelle* ayant été utilisée comme destination approximative. Les autres avisos et les corvettes suivirent de près.

Les hommes écoutèrent le message une troisième, puis une quatrième fois.

— Cet appel a été émis sur un faisceau directionnel dirigé vers la Terre, ce qui signifie que les naufragés connaissent les coordonnées du Système Solaire.

Ce commentaire fut relayé à toutes les unités.

Un autre texte succéda peu après au S.O.S., décrivant au moyen de courtes phrases et sous forme condensée comment les deux vaisseaux des Halutiens avaient été détruits et relatant le destin du fier *Krest IV*. Bontainer était désormais convaincu que des choses monstrueuses s'étaient produites ici. L'onde quintidimensionnelle devait être liée à la disparition des deux nefs halutiennes, dont le sort équivalait à une annihilation pure et simple.

— Que toutes les corvettes attendent hors de l'atmosphère, à distance de sécurité de la planète ! ordonna-t-il. Ne vous laissez en aucun cas entraîner dans un combat !

Après quoi il adressa un signe de tête à John Sanda, et ses mains se remirent à pianoter sur sa console. La masse de métal, de plastique, de verre et de machines de cinq cents mètres de diamètre accéléra derechef.

Les chaloupes restèrent sur place.

Le croiseur recevait bien les émissions en provenance de la surface, mais sans pouvoir les localiser avec précision. Ce qui signifiait que le Dolan, même avec ses instruments supérieurs, éprouverait également quelques difficultés. Toutefois, le risque demeurait que le hasard trahisse la position des naufragés. Piloté par son commandant et partant de la face nocturne, l'*Orénoque* plongea dans l'atmosphère de la planète, totalement invisible sur le plan optique étant donné qu'il se retrouva, à l'issue d'un délai singulièrement court, environné d'épais nuages. À l'abri de cette brume, il entama son exploration.

Pourtant, les recherches s'avérèrent vaines…

Les signaux étaient à présent étonnamment clairs et parfaitement nets.

— De toute évidence, déclara Bontainer en gardant les yeux fixés sur les écrans infrarouges qui lui dévoilaient la structure du terrain, l'émetteur est d'une puissance assez faible et nous nous trouvons dans ses parages immédiats. Si nous atterrissions maintenant pour nous lancer dans une reconnaissance au sol, cela équivaudrait à voler directement devant les canons de la nef du Bi-Conditionné. C'est une chose que je préférerais éviter.

« Néanmoins, les appels sonnent comme si les Terraniens étaient au bout du rouleau. Notre appareil dispose d'assez de place pour embarquer cinq mille hommes – si nous jetons quelques vieux journaux.

Il arbora un vague sourire avant d'adresser un nouveau signe de tête à Sanda.

— Mais d'abord, le Dolan. C'est l'urgence numéro 1.

La centrale de localisation avait entre-temps établi que le texte du dernier message avait été énoncé par une voix s'exprimant sans contrainte. Une analyse du spectre des fréquences vocales avait révélé que…

— Monsieur ?

— Oui. Est-ce important ?

— C'est important. Nous avons identifié avec une certitude absolue qu'il s'agit de la voix du Stellarque. Il est en grand danger. Nous vous diffusons ses paroles.

— Merci.

— … Les instruments de détection du Paladin ont localisé un Dolan qui se dirige vers ce monde. Avant de couper l'émetteur afin d'éviter tout repérage de notre position, je lance un ultime appel. Si un vaisseau de la Terre croise à proximité – je vous en supplie, aidez-nous ! Nous sommes vraiment à la dernière extrémité. L'air est difficilement respirable, trop dense et chargé de spores nocives. Le Dolan se rapproche toujours ! Fin du message.

« Je reste cependant sur réception !

Le discours s'achevait là.

— Le mystère s'épaissit ! grogna Bontainer. Il est prouvé que ce sont bien Rhodan et Atlan qui se trouvent là en bas, sans défense, et qui nous attendent. Mais comment sont-ils arrivés ici ?

— Ce qui est sûr, c'est qu'ils ne sont pas venus à la nage, capitaine ! persifla Sanda. Ce sont là des questions qui recevront leur réponse plus tard. Quand nous aurons fait ce que nous devons faire !

— Merci pour ces précieuses révélations ! maugréa le commandant. Je dois pourtant avouer que vous avez raison, John.

Pour vaincre à coup sûr le Dolan, il n'y avait pas trente-six possibilités.

Il ne fallait en aucun cas que la créature artificielle ait l'occasion d'activer son écran défensif. C'était pourquoi l'assaut devait le prendre entièrement par surprise. Les nuages et l'obscurité de la face nocturne les aideraient. Ils en avaient déjà tiré parti deux fois… En vol atmosphérique, aucun Dolan ne dresserait son bouclier protecteur, vu que les champs paratroniques détournaient dans l'hyperespace non seulement toute l'énergie reçue, mais aussi toute la matière rencontrée.

— Ici la Détection. Voudriez-vous jeter un œil sur le diagramme, Monsieur ?

Bontainer s'exécuta. Il en ressortait clairement que la nef biosynthétique avait opté pour un itinéraire assez particulier : elle volait lentement en suivant la ligne du terminateur. Le Bi-Conditionné s'efforçait sans nul doute de localiser la source de l'émission hypercom qu'il avait captée. Dénicher à la surface d'une planète un émetteur isolé, qui en outre s'était tu depuis, était un tour de force qui prendrait au moins un bon bout de temps, même à l'aide de détecteurs ultrasensibles.

Et pendant que les adversaires se cherchaient et se poursuivaient dans et au-dessus des nuages, la panique régnait à l'intérieur du cratère.

*
* *

— Que pouvons-nous faire, Perry ? s'enquit Atlan, assis contre la paroi près de Rhodan.

— Attendre. Mais compte tenu que nous avons affaire à un Dolan, les précautions actuelles ne suffiront pas. Nous devons nous tapir le plus profondément possible dans les cavernes et cacher la masse métallique du Paladin. Nous ne pouvons rien tenter de plus.

— D'accord ! approuva le Lord-Amiral. Il faut aussi proscrire toutes les communications radio et éteindre tous les appareils, les unités dorsales des spatiandres incluses. Compris, Perry ?

Ce fut sans l'ombre d'un sourire que le Stellarque répliqua :

— Compris, Arkonide !

Atlan laissa un long moment sa main posée sur l'épaule de son ami. Bien que la structure semi-rigide du spatiandre de combat ultramoderne ne permît pas au Terranien d'en sentir le contact, il en perçut la symbolique.

Puis le Lord-Amiral se rendit au fond de la grotte pour s'enquérir de l'état des blessés.

— Paladin ? Ici Rhodan.

— Oui, Monsieur ?

— Quittez immédiatement l'air libre et enfoncez-vous aussi loin que possible dans les souterrains. Nous devons rendre toute localisation impossible.

— Compris !

L'énorme masse d'atronite du gigantesque robot sigan

se fraya – avec une lenteur et une prudence extrêmes – un chemin parmi les Terraniens qui se dirigeaient en toute hâte vers les plus profonds recoins des galeries. Quelques minutes plus tard, nul, à moins de se trouver juste devant les palissades protégeant les entrées, n'aurait pu imaginer que près de cinq mille naufragés se cachaient ici.

Le mulot-castor, installé dans un renfoncement, paraissait dormir avec – fait unique parmi les milliers d'êtres reclus comme lui au fin fond du dédale subplanétaire – ce qui semblait être sur ses traits un sourire heureux. Cela s'expliquait aisément : en sa qualité de puissant télépathe, il pouvait capter les ondes mentales et savait qu'un vaisseau terranien n'était pas loin. S'il n'en avait touché mot à quiconque, c'était parce qu'il connaissait les pensées d'un certain capitaine portant le grade de lieutenant-colonel et qui songeait d'abord au danger, la récupération des naufragés ne venant qu'ensuite.

Une attitude très terranienne, se dit L'Émir avant de commencer à rêver à l'énorme carotte avec laquelle il comptait fêter leur sauvetage.

*
* *

Les deux astronefs se rapprochaient l'un de l'autre.

Le Dolan suivait un parcours de pôle à pôle, se déplaçant à la vitesse d'environ mille kilomètres par heure à trois cents mètres au-dessus des sommets les plus élevés. Il semblait chercher intensivement. Il survolait les déserts, les inlandsis, de vastes fleuves, des langues de terres. Et toujours la jungle… la jungle qui défilait sous lui, presque vert sombre dans la clarté crépusculaire du terminateur. Compte tenu de la rotation propre de la planète, la frontière entre le jour et la nuit se décalait et l'itinéraire de la créature artificielle, au lieu de suivre exactement une longitude donnée, dérivait lentement vers l'ouest.

L'*Orénoque* de Bontainer avait l'écho du Dolan sur ses écrans localisateurs.

Il convergeait vers lui par le travers, sous le couvert de l'obscurité et des nuages. Le croiseur de combat se déplaçait à quatre mille mètres d'altitude, au sein de la brume cotonneuse et de la pluie. Lui non plus ne longeait pas un méridien fixe mais une route légèrement inclinée vers l'est. Les deux appareils se rencontreraient loin au-dessous de l'équateur, dans les régions subantarctiques.

Ken Scott avait chargé une bombe transformatrice. Une seule ogive de cette puissance réduirait la nef biosynthétique en mille morceaux. Un millier de gigatonnes attendaient leur heure.

— Ici Bontainer ! avertit le lieutenant-colonel. Nous attaquons le Dolan. J'escompte que chacun des membres de l'équipage est dans son spatiandre et prêt à boucler son casque au moindre signe de danger. Le rendez-vous aura lieu dans moins de cinq minutes.

Les deux vaisseaux se rapprochaient lentement l'un de l'autre.

Et l'affrontement se produisit.

L'*Orénoque* surgit hors des nuages, étincela une seconde dans la lumière du soleil, et sans transition ouvrit le feu. Le Dolan effectua simultanément une plongée vers le bas, et la bombe transformatrice le manqua. Elle détona toutefois très près de la sphère noire, la projetant avec brutalité latéralement et hors de tout contrôle tandis que la boule brasillante aveuglait les Terraniens. Bontainer, constatant le résultat du tir, lança le croiseur dans une chandelle verticale. Rechargeant fiévreusement, l'artilleur visa à nouveau, verrouillant la créature semi-vivante dans son réticule de visée alors que la première bordée de celle-ci s'écrasait contre les écrans de l'*Orénoque*.

Les deux navires s'élancèrent presque en même temps dans une accélération démentielle, l'un poursuivant l'autre. La deuxième ogive atteignit le Dolan non loin de son pôle supérieur, vaporisant une partie de l'épaisse couenne et ce qui se trouvait au-dessous. Le Bi-Conditionné se défendit avec acharnement, sans toutefois activer son bouclier paratronique. De son côté, le croiseur de bataille réalisa des manœuvres mettant ses membrures à rude épreuve. Le plus gros des nuages fut bientôt traversé, et chacun des protagonistes se retrouva directement visible par l'autre.

Ken Scott tirait sans discontinuer.

Avec les petites bombes transformatrices, il déchiqueta la surface externe du vaisseau de combat semi-organique pendant que les deux appareils tournaient en rond, l'un autour de l'autre, avec une telle vélocité qu'un observateur extérieur n'aurait rien vu de plus que de longues lignes spiralant ensemble dans une chorégraphie effrénée. Si chacun des protagonistes canardait l'autre sans relâche, le canon séquentiel du Dolan ne semblait pas être correctement guidé : la plupart des tirs ne détruisaient rien d'autre que les nuages environnant l'*Orénoque*.

La vitesse du duo croissait avec son altitude. Dans leur ballet mortel, les deux nefs avaient parcouru la moitié de la planète, le lieu de l'affrontement s'élevant peu à peu vers l'espace. À un moment indéterminé, Bontainer avait jeté un regard sur l'altimètre : ils étaient à présent à plus de dix mille mètres.

— Il se défend toujours. Qu'attend donc Scott pour le descendre ?

Ce fut comme si le susdit avait capté le murmure du capitaine. Alors que le navire terranien passait au-dessus du Dolan et que chacun faisait feu de toutes ses batteries, la fin survint.

Simultanément…

À la seconde même où Bontainer, les yeux écarquillés, voyait sur ses écrans la forme sphérique de la nef semi-vivante éclater comme un ballon trop gonflé filmé au ralenti, un choc ébranla l'*Orénoque*, comme si un poing gigantesque avait tout enfoncé d'un seul coup : la coque, les machines et les générateurs.

— Dans le mille ! s'écria quelqu'un, presque hystérique. Le quatrième Dolan !

Dans les haut-parleurs, une autre voix hurla :

— Il nous a touchés avec le canon séquentiel ! Nous tombons !

L'éclairage de secours s'alluma automatiquement. Bontainer, sentant la brusque disparition de la pesanteur artificielle, se cramponna par réflexe, une main au dossier du fauteuil, l'autre sur le pupitre. Tous les indicateurs retombèrent vers le zéro ; certains très vite, d'autres avec une lenteur exaspérante, les derniers s'éteignant purement et simplement.

— Que se passe-t-il, capitaine ? s'enquit John Sanda d'une voix forte et malgré tout posée.

Il avait la main sur le rebord de son casque déjà à moitié rabattu.

— Plus rien ! Fini ! Je viens probablement de perdre mon deuxième vaisseau.

Pris de fureur, il martela du poing le panneau d'instruments.

Les hommes sentirent alors l'élan vertical donné à l'*Orénoque* par ses tuyères corpusculaires faiblir avant de s'annuler. La sphère de cinq cents mètres parut un instant suspendue dans l'atmosphère raréfiée, puis elle commença à tomber.

— Les machines… Toutes à pleine puissance !

Vivier enfonça des touches, s'égosilla dans le micro du circuit de secours à l'adresse de la salle des machines – pour ne recevoir que des réponses incohérentes. La coque du navire avec ses sas et ses projecteurs d'écran, tout avait été écrasé comme par un titanesque marteau de forgeron. Dans l'esprit des hommes qui avaient voyagé avec Bontainer à bord de l'*EX-2333* se réveilla tout à coup le souvenir du cargo *Flèche d'Argent* de la *Cornelia Clive Limited*.

Les générateurs antigrav encore en état de marche revinrent à la vie. Des éclairs longs d'un mètre fulgurèrent entre les isolateurs de la salle des machines. Une fumée irritante se répandit hors des conduits d'aération.

Neuf mille mètres...

Plusieurs instruments fonctionnaient encore. Bontainer, qui bataillait sur la console de pilotage pour stopper une chute de dix kilomètres de haut, transpirait de tous ses pores sous le casque fermé de son spatiandre.

Quelques-unes des tuyères à champ coercitif réagirent. La masse de l'appareil pivota une dernière fois, puis la pesanteur réapparut. Un tas d'objets retombèrent par terre à grand bruit, et Oomph Amber effectua un rétablissement acrobatique. Les termes qu'il employa pour se lamenter sur son sort restèrent inconnus de tout autre que lui. La vitesse de descente du vaisseau cessa presque d'augmenter.

Presque...

Huit mille mètres...

Le capitaine tenta un expédient dicté par le pur désespoir. Il restait encore pas mal d'énergie à disposition, donc le kalup devait fonctionner. Après avoir programmé frénétiquement une séquence de coordonnées correspondant à environ deux mille mètres de la surface planétaire, il enfonça la touche d'activation. Pendant les secondes suivantes, il s'évertua à relancer tout ce qui répondait encore. Les tuyères travaillaient irrégulièrement. Les compensateurs gravitationnels étaient surchargés. Partout éclataient des gerbes d'étincelles. La fumée envahissait tout.

Le convertisseur kalupéen tordit brièvement l'espace.

Deux mille mètres...

Tel un météore d'argent bosselé et martelé, inerte à plus de quatre-vingt-cinq pour cent, l'*Orénoque* tombait presque verticalement vers le sol de permafrost – le pôle Nord n'était qu'à quelques centaines de kilomètres. Bontainer s'efforça d'amener encore plus d'énergie aux tuyères opérationnelles et vers les projecteurs antigrav. Des jets flamboyants de particules giclaient du bourrelet équatorial. Les étançons télescopiques commencèrent à sortir de leurs logements dans la coque – à l'exception d'un seul, hors d'usage. Le navire poursuivait sa descente implacable.

Le capitaine ouvrit tous les sas.

Finalement, il attacha sa ceinture, s'adossa fermement et attendit l'impact destructeur. Il vit sur un écran une image dont les pixels filaient à toute vitesse vers les bords. Seul le point vers lequel se précipitait l'astronef restait immobile.

Une demi-seconde avant que le croiseur de combat ne s'écrase, Vivier lança la rentrée des béquilles, qui entamèrent immédiatement le processus de rétractation. Le contact avec le sol survint presque aussitôt.

Déverrouillés, les étançons se replièrent brutalement dans leurs logements au lieu de se briser, absorbant une partie de l'énergie du choc – et démolissant l'ensemble du circuit hydraulique soumis à un effort quatre fois supérieur à ce qu'il était capable d'encaisser. L'huile surchauffée gicla des conduites éclatées sous une pression telle que quelques membres de l'équipage, atteints de plein fouet, furent littéralement transpercés malgré leurs spatiandres.

Un sifflement strident, puis une série d'explosions.

Les hommes entreprirent de s'échapper en passant par les brèches et les déchirures de la coque. Bontainer, en ordonnant à tout le monde le port de la combinaison spatiale et du casque, avait sauvé la vie de la majorité de son équipage.

Par chance, il faisait jour.

Ici, tout près du pôle Nord, il n'y avait que peu de nuages. En outre, les naufragés ne se retrouvaient ni au cœur d'une tempête de neige ni au milieu d'un désert de glace. Le vaisseau avait percuté une surface de sable durci par le gel. Le soleil était à plusieurs degrés au-dessus de l'horizon ; ce devait être approximativement le milieu de la journée.

Puis, brusquement – tout cela se déroula en l'espace de quelques secondes – la dernière vague de destruction s'abattit. Les énormes cylindres de l'installation hydropneumatique cédèrent, pénétrant comme des obus jusque dans les entrailles du navire, coupant les câbles sous tension, provoquant des courts-circuits par milliers, engendrant d'immenses éclairs et des gerbes d'étincelles incendiaires, puis des pans entiers des doubles parois de terkonite se détachèrent, tuant les hommes qui se tenaient encore derrière. Les lourdes machines rompirent leurs ancrages pour dégringoler en traversant un pont après l'autre. L'épave gémit. Les rivets cassèrent, les soudures se déchirèrent en grinçant. Les étais et membrures, qui avaient encaissé ce que les étançons n'avaient pu absorber, se tordirent et se brisèrent dans un fracas de fin du monde.

Et soudain, ce fut le calme complet.

Partout, dans ce qui n'était plus qu'un amas de décombres, les astronautes grimpaient et se faufilaient en emmenant avec eux des pièces d'équipement, ainsi que – les nombreux exercices imposés par Bontainer avaient porté leurs fruits – les caisses blanches marquées d'une croix rouge : médicaments et trousses de pansements.

Quelque chose fonctionnait toujours parfaitement : les microcoms des casques.

Les hommes se rassemblèrent par petits groupes pour ramasser les blessés et les conduire à l'écart de la zone dangereuse. Alors qu'ils s'efforçaient encore de respirer l'air dense et glacial, ils entendirent avec soulagement une voix familière dans leurs écouteurs.

— Ici Bontainer. Le vaisseau est perdu. Je vous demande à tous de garder votre calme : les *Gazelles* et les corvettes sont intactes, elles viendront nous récupérer. Dans l'intervalle, je désire que vous procédiez au décompte des pertes. J'espère qu'elles sont le plus faible possible.

« En ce moment, j'essaie de descendre par le puits antigrav avec les autres hommes du poste central. Nous sommes tous indemnes, ou quasiment.

Progressivement, l'ordre reprit le pas sur le chaos.

Vivier appela le lieutenant Argelander pour lui relater

succinctement l'issue de la bataille – et reçut en retour une nouvelle surprenante.

*
* *

L'une des corvettes avait soudain commencé à émettre avec une puissance suffisante pour autoriser sa réception depuis les profondeurs des cavernes, et le Paladin l'avait captée. Il n'avait pas été en mesure de repérer l'explosion du Dolan, mais Argelander avait assisté au combat et savait que le danger avait disparu.

Et, tout à coup, le message était arrivé, clair et net.

— Attention ! Nous appelons Perry Rhodan et ses hommes ! prononça Argelander dans son micro et non sans une certaine appréhension.

Il s'attendait à être entendu et compris. La corvette 8 survolait la chaîne de montagnes dans les entrailles de laquelle s'abritaient les cinq mille naufragés.

— Ici Harl Dephin, du Paladin I, répondit une voix visiblement amplifiée.

— Huit corvettes et dix *Gazelles* se trouvent actuellement en dehors de l'atmosphère de la planète… commença le lieutenant en hésitant.

— … que nous avons baptisée « Retour ».

— Bien pensé ! Nous appartenons au croiseur de combat *Orénoque*, commandé par le lieutenant-colonel Bontainer. Notre unité a attaqué le Dolan, lequel a certainement été attiré jusqu'ici par le puissant ébranlement de structure. Malheureusement, l'*Orénoque* a été si gravement endommagé qu'il est tombé de dix mille mètres d'altitude. Notre commandant est parvenu à effectuer un atterrissage forcé, mais le vaisseau est perdu. Le Dolan a été détruit, et j'ai l'impression que nous ferions bien de nous dépêcher.

La voix étrangère et à la tonalité inhabituelle s'esclaffa brièvement avant de répliquer :

— C'est une impression qu'ici en bas nous avons

depuis longtemps ! S'il vous plaît, préparez-vous à un contact vidéo.

— Vous pouvez y aller quand vous voudrez. Fréquence de la Flotte ?

— Évidemment. Canal 844.

— Merci !

Un instant plus tard, un écran d'intercom affichait une image prise par un capteur optique quelque part à la surface de la planète. Argelander contempla tout d'abord une partie de la cuvette, notant qu'il y pleuvait à verse, puis le décor défila pour s'arrêter sur les orifices de nombreuses cavernes. Émergeant derrière de grossières palissades de bois et de terre épaisses de près d'un mètre, deux silhouettes en spatiandre apparurent, leurs traits pour l'instant masqués par les reflets sur les visières de leurs casques. Le jeune lieutenant – vingt-cinq ans et hors de la présence rassurante de son commandant – se sentit envahi par une impression désagréable. Il pressentit que ces deux-là n'étaient pas de simples soldats.

Il ne se trompait pas.

Sur l'écran devant lui, il reconnut les têtes de Rhodan et Atlan qui le regardaient à travers les visières de leurs casques, salies et essuyées à la hâte. Si le sourire de l'Arkonide était réconfortant, le Stellarque, lui, arborait une mine épuisée mais sévère. Embarrassé, Argelander salua avant de bégayer :

— Monsieur… Stellarque – Lord-Amiral… ?

— N'avalez pas de travers, jeune homme ! avertit Atlan en souriant plus largement.

Il connaissait ses « barbares » et savait ce qu'ils éprouvaient.

— N-non, non. Quels sont vos ordres ?

À présent, l'Arkonide était hilare.

— Je voudrais vous proposer un compromis : vous envoyez les dix avisos au point de chute récupérer votre courageux commandant, puis vous revenez ici. Avec les *Gazelles*, je veux dire. Quant aux corvettes, elles atterrissent immédiatement afin de commencer à recueillir nos hommes. Pour je ne sais quelle raison, nous ne ressentons pas une grande envie de prolonger notre villégiature sur Retour. Vous avez bien compris ?

— Naturellement, bredouilla le lieutenant. Les avisos au pôle Nord, et les chaloupes chez vous. Euh… Où êtes-vous exactement ?

Un sourire s'était enfin dessiné sur les traits de Rhodan. Un étirement presque imperceptible des lèvres fines, mais une ombre de sourire quand même.

— Votre responsable de la détection n'a qu'à relever les coordonnées de notre Paladin. Nous sommes à deux mètres de lui. Préparez-vous à un atterrissage difficile sur terrain accidenté. Je vous attends dans dix minutes.

Argelander fit un salut impeccable.

— Vous pourrez me saluer une fois que nous aurons tous pris un bain chaud et un repas digne de ce nom, jeune homme. Bougez votre corvette. Terminé !

— Naturellement, Monsieur, ne sut que répéter le lieutenant avant de noter – à son grand soulagement – que les deux têtes partaient chacune dans une direction opposée de l'image : Atlan à gauche, Rhodan à droite.

Les « yeux » du Paladin effectuèrent une nouvelle fois un balayage panoramique du site, et Argelander constata que se poser sur un tel terrain ne serait pas une partie de plaisir.

Après quoi il intima à l'opérateur des communications d'établir une liaison directe avec les dix avisos. En guise de réponse, l'autre se borna à indiquer en silence le micro et un écran vide.

Le lieutenant ne s'en formalisa pas et entreprit de transmettre lui-même les consignes.

— Le Stellarque a ordonné que les dix *Gazelles* se rendent immédiatement sur les lieux de l'« atterrissage » de l'*Orénoque* afin de récupérer le commandant Bontainer et le reste de l'équipage. Ensuite, rassemblement à proximité du camp de Rhodan. J'enverrai un faisceau de repérage. Compris ?

— Compris, Argelander !

L'une après l'autre, les dix nefs discoïdales s'élancèrent de toute la puissance de leurs tuyères par-dessus l'atmosphère de la planète. La première d'entre elles redescendit quelques minutes plus tard dans un vacarme d'enfer pour effectuer, comme à la parade, un passage au-dessus des têtes de l'attroupement en souffrance avant de décrire une élégante courbe et de se poser – le plus près possible des hommes dans les limites de la distance de sécurité. Le sas ventral s'ouvrit et l'échelle de coupée se déploya. En y mettant de la bonne volonté, une grosse cinquantaine de personnes pouvaient se caser à l'intérieur du véhicule, à condition de renoncer à voyager confortablement.

Les Terraniens, qui s'étaient déjà répartis en plusieurs groupes distincts, montèrent à bord. Les blessés furent transportés avec précaution et installés. Les victimes du Dolan et de l'écrasement avaient été laissées dans l'épave du vaisseau, et pendant qu'Argelander informait Bontainer de son entretien avec Perry Rhodan, des équipes avaient exploré en vitesse tout l'intérieur du croiseur à la recherche d'autres survivants. Vivier se montra, comme toujours et partout, d'une minutie sans faille.

La première *Gazelle*, bourrée à craquer d'hommes de l'*Orénoque*, décolla sans attendre pour filer vers le sud, suivie par la deuxième quelques minutes plus tard. Bontainer resta un long moment près d'un des étançons du dixième aviso, s'y appuyant sans même s'en rendre compte, pour contempler les restes de son navire profondément enfoncé dans le pergélisol sablonneux.

Mon deuxième vaisseau, songea-t-il. *La deuxième unité détruite sous mon commandement. D'abord l'*EX-2333, *et maintenant l'*Orénoque. *Un capitaine-ferrailleur, voilà ce que je suis. Satanés Dolans !*

Cette amertume qu'il ressentait dans son cœur, il ne s'en débarrasserait pas avant de longues années.

Il escalada enfin l'étroite échelle, franchit le sas polaire et s'introduisit dans le puits d'ascenseur. Parvenu à l'intérieur du poste central, il s'arrêta derrière l'homme installé face au pupitre de pilotage, jeta un coup d'œil au-dehors à travers la coupole transparente, et sentit quelque part dans son dos le regard pénétrant du Lourénien.

— Capitaine… désirez-vous prendre les commandes ?

Le lieutenant-colonel lui décocha un sourire meurtrier.

— Non, murmura-t-il sur un ton plein d'amertume. Je suis certain que vous ferez mieux que moi.

L'appareil décolla pour suivre le même chemin que les neuf précédents.

*
* *

Dix minutes plus tard et environ dix mille kilomètres plus loin, Bontainer découvrait la cuvette. Ses dix-huit unités y étaient rassemblées. Deux des corvettes étaient posées sur leurs étançons inégalement sortis entre le bord et la pente du cratère, et les alentours de la petite escadre fourmillaient de gens.

— Eh bien ! prononça-t-il. Et c'est ici que j'ai l'honneur de rencontrer Rhodan. Le destin vous joue parfois de ces tours !

Le Lourénien, vautré dans l'un des cinq fauteuils entourant le pupitre de pilotage et son casque sous le bras, répliqua brièvement :

— Mauvaise *lusker* humeur, chef, non ?

— Très mauvaise, Oomph.

— Consolez-vous, capitaine. Grands hommes, grande poisse, grandes pleurances !

Vivier ne put retenir un sourire.

— Oui… Merci ! Comment va le moral des troupes ?

Le Lourénien débita une longue tirade dans un dialecte jacassant que seuls lui et le cosmopsychologue Bontainer comprenaient. Il en ressortait que ses hommes pleuraient leurs compagnons disparus, se réjouissaient de la victoire sur le Dolan et commentaient l'issue de l'aventure avec des sentiments mitigés. Oomph Amber était l'arme secrète de Bontainer, dont nul ne savait rien à l'exception d'Arsali Hingurt. L'extraterrestre percevait les émotions des humains autour de son ami aussi naturellement qu'un hygromètre enregistrait le taux d'humidité de l'air.

Après avoir posé le disque à l'extrême limite de la jungle, le commandant de la *Gazelle* se tourna pour s'adresser à Vivier d'une voix tranquille :

— Vous devriez nettoyer le sang que vous avez sur le front et débarquer, lieutenant-colonel. Le Stellarque n'aime peut-être pas attendre. Je me charge des hommes qui se trouvent à mon bord.

L'intéressé hocha la tête.

— Merci.

Il pivota en ôtant son casque pour disparaître en direction des toilettes spartiates de l'aviso, un pont plus bas. Une fois là, il posa le casque sur l'armoire pleine de serviettes en coton et se lava le visage. Une large entaille bleuâtre lui traversait le front en diagonale et commençait à lui faire un mal de chien. Ouvrant le placard à pharmacie, il appliqua sur la plaie un morceau de bioplastine stérile. Puis il prit une profonde inspiration, augmenta le taux d'oxygène du circuit respiratoire de son spatiandre et remit son casque avant de sortir pour aller à la rencontre du Stellarque.

*
* *

Corvette numéro 8.

La centrale de commandement avait été évacuée : les hommes étaient partis aider les quelque cinq mille survivants de « Retour » à embarquer. Quatre personnes se tenaient sur la passerelle, les unes debout, les autres assises. Devant elles, sur l'une des tables des cartes réparties dans toute la salle, reposaient de grands gobelets pleins de café chaud et des verres cylindriques contenant une boisson alcoolisée. Tous ces récipients avaient en commun une inscription sur un côté : S.E.S. *Orénoque*.

S.E.S. pour *Solar Empire Ship*. Vaisseau de l'Empire Solaire *Orénoque* !

Les quatre hommes étaient Stephen Argelander, Vivier Bontainer, Atlan et Perry Rhodan.

Les deux premiers fumaient une cigarette, les deux autres tenaient en main leur godet de café. Tant au-dessus qu'au-dessous d'eux, la corvette commençait à se remplir de passagers.

Ignorant la douleur sur son front, Bontainer échangea un regard furtif avec son lieutenant tout en écoutant parler le Stellarque. De son côté, l'Arkonide à la fascinante et longue chevelure se fendait de temps en temps d'une remarque. Il paraissait moins affecté que son ami par les événements.

— … Et voilà comment nous sommes arrivés ici, commandant. Les deux vaisseaux des Halutiens ont disparu dans l'hyperespace dans un fantastique choc de dématérialisation. Ils ont été annihilés.

Le lieutenant-colonel inspira profondément avant de secouer la cendre de sa cigarette.

— Comment se fait-il que nous vous retrouvions ici, vous et vos hommes, Monsieur ? se renseigna-t-il, troublé.

Il ne savait toujours pas sur quel pied danser. Tomber sur Perry Rhodan justement ici, dans cette zone pratiquement inexplorée de la Voie Lactée, lui semblait incroyable. Surtout se voir face à un Stellarque naufragé – *lui*, un commandant qui venait de perdre son deuxième navire !

— Nous avons atterri ici après une fantastique odyssée dans la galaxie M 87. Un atterrissage forcé.

Le Premier Terranien parut s'apercevoir de l'ahurissement des deux officiers.

— De M 87 ? demanda Argelander presque dans un chuchotement.

Il éprouvait visiblement autant de mal que Bontainer à assimiler ces révélations.

— Oui, vous avez bien entendu. Vous étiez tous persuadés que nous nous trouvions toujours dans notre Galaxie, n'est-ce pas ?

Atlan esquissa un sourire.

— Vous avez tous marché à fond, avec le sosie du Stellarque, expliqua-t-il non sans montrer le plaisir qu'il ressentait en prononçant ces mots.

— Pardon ?

Vivier sentit le sang refluer de son visage. Sa main qui tenait la cigarette trembla si fort que des cendres tombèrent à terre.

— Nous n'avions pas le choix, lieutenant-colonel Bontainer, résuma Rhodan. Nous avons été déportés dans M 87 indépendamment de notre volonté. Comme il était indispensable de continuer à laisser croire que les rênes de l'Empire étaient toujours fermement entre nos mains, il a fallu recourir à ce stratagème. Je me refuse à mentir aux populations d'innombrables planètes, mais le chaos est totalement inacceptable. Toute la vérité sera publiquement révélée dès que nous aurons regagné Terrania, ou au moins la plus proche base de l'Astromarine Solaire. Entre-temps, je vous demande de prendre patience et de nous apporter votre concours.

Bontainer et Argelander hochèrent la tête sans mot dire.

Atlan écarta les bras avant de s'asseoir et d'ajouter :

— Vous devez bien comprendre que même ici, sur Retour, nous sommes au bord du chaos. Nous n'avons besoin de rien d'autre que d'un peu de calme, de quelques jours de réflexion et des moyens de communication appropriés, et tout marchera de nouveau comme sur des roulettes, ou du moins sur ce qui y équivaut dans les circonstances actuelles. Je vous laisserai le soin, pendant que nous serons en route, de nous informer en détail de tout ce qui s'est passé durant notre absence. Et je ne suis pas de ceux qui prennent volontiers le chemin du lit, mais… auriez-vous quelque chose de confortable à nous offrir ?

— Naturellement, l'assura Argelander. Puis-je vous proposer les minuscules cabines d'un commandant de corvette ? Disposez-en comme vous l'entendez !

Rhodan opina du chef.

— Ceci se rapporte déjà au deuxième acte de notre pièce. Avant de reprendre l'espace, nous devons d'abord faire en sorte que les manœuvres en cours s'achèvent promptement. Cela concerne près de cinq mille personnes.

Bontainer effectua mentalement un rapide décompte.

Les *Gazelles* étaient déjà pleines comme des œufs, il ne restait pas même un strapontin pour les survivants du *Krest*. Pour limiter le risque d'être à nouveau repérés, il pouvait…

Le Stellarque passa d'un geste nerveux deux doigts de la main droite le long du col de son spatiandre de combat avant de hocher la tête à l'adresse du lieutenant-colonel.

— Nous devons caser, en sus de son équipage, plus de six cents astronautes dans chaque corvette. Nous serons à l'étroit, mais on ne peut rien faire pour y remédier. Tous les espaces disponibles devront être mis à profit. Ce ne sera guère confortable, en revanche cela pourrait aller relativement vite.

Il hocha de nouveau la tête. Il semblait à présent ne plus être en état de parler, ou peut-être simplement réticent à en dire plus que nécessaire. Il offrait une mine épuisée, fatiguée et abattue.

— Les *Gazelles*, Monsieur… souffla Argelander.

Il n'osait plus s'exprimer tout haut.

— Je vais éloigner les avisos de la zone dangereuse, se décida Bontainer.

Il avait recouvré son sang-froid et pris conscience qu'il fallait agir promptement.

— D'accord avec vous, approuva Rhodan.

— Je vais d'abord leur demander de laisser descendre les membres importants de leurs équipages, c'est-à-dire artilleurs et astrogateurs. La place libérée permettra d'embarquer plusieurs personnes du *Krest* dans chaque appareil. Après quoi ils iront se poster sous la couverture anti-détection du soleil de ce système. C'est de là que nous prendrons le chemin du retour vers la civilisation galactique. Cela vous convient-il, Monsieur ?

La question s'adressait au Stellarque.

— Bien sûr. D'ailleurs, à votre place, j'aurais agi exactement de même.

— Bien. Argelander – installez-vous au pupitre des transmissions et instruisez en conséquence les dix commandants des *Gazelles*. Tout est clair ?

Le lieutenant prit son casque avant de hocher la tête.

— Vous pouvez compter sur moi, commandant Bontainer.

— Parfait. Et que tout le monde se magne !

Atlan sourit de nouveau. Tout ce que les Terraniens entreprenaient devait rimer avec rapidité et perfection, faute de quoi ils ne se sentaient pas à l'aise. Il se tourna vers le capitaine.

— Vous brusquez vos gens, commandant ! murmura-t-il. Pourquoi une telle hâte ?

Vivier lui renvoya son sourire.

— Pour une raison bien simple, Lord-Amiral. Le choc de dématérialisation, dont je sais à présent qu'il a été provoqué par les deux nefs halutiennes, était d'une violence inaccoutumée.

— Vous l'avez détecté ?

— Oui, bien sûr. C'est cet ébranlement de structure qui nous a incités à venir explorer ce secteur – d'abord le groupe de six soleils puis ce système-ci, deux années-lumière plus loin. C'est d'ailleurs le Dolan qui a attiré notre attention sur cette étoile et ses deux planètes. Je pense que l'onde de choc a pu être repérée dans un rayon de mille années-lumière au moins. Si un Bi-Conditionné a déjà rappliqué, le phénomène est susceptible d'avoir intéressé d'autres bons amis à nous. Nous préférerions éviter d'autres visites.

Atlan se remit debout. Il semblait soudain avoir repris du poil de la bête, sa proverbiale énergie était de retour. Bontainer n'ignorait pas que les activateurs cellulaires étaient également en mesure de remédier à l'état d'épuisement de leurs porteurs. Surpris, il regarda le visage étroit et hâlé de l'Arkonide multimillénaire.

— Et le seul moyen de parer à cela est d'évacuer les lieux au plus tôt. D'accord, je vais vous aider. L'équipage du *Krest* va embarquer dans les huit corvettes sans plus attendre.

À partir de cet instant, le camp parut pris de frénésie.

Les microcoms de casque de chacun des chefs de bataillons se mirent à bourdonner.

Premier mouvement :

Les *Gazelles* atterrirent ; de chacune d'elles descendirent quelques hommes qui se dirigèrent aussitôt en courant vers les chaloupes, après quoi quelques groupes de rescapés du *Krest* montèrent à bord des avisos. À présent, chacun de ceux-ci contenait environ soixante passagers ; certains un peu plus, d'autres un peu moins parce qu'ils accueillaient la plupart des blessés. Tous ceux qui possédaient un minimum de connaissances médicales s'occupaient de ces derniers, dévalisant pour ce faire armoires à pharmacie et trousses de secours.

Deuxième mouvement :

Les nefs discoïdales décollèrent l'une après l'autre dans le rugissement de leurs propulseurs, s'élevant au-dessus de la cuvette volcanique en agitant furieusement la surface du lac avant de disparaître dans les nuages. Les appareils se dirigèrent avec l'accélération maximale vers le disque jaune du soleil pour y prendre position, immobiles, leurs projecteurs antigrav se contentant de compenser la force d'attraction de l'astre. À l'intérieur de chacun des petits vaisseaux régnait une activité fébrile. Les lourds spatiandres de combat furent ôtés et rangés, hommes et femmes firent un brin de toilette puis attaquèrent les rations de secours avant de sombrer pour la plupart, harassés, dans un profond sommeil. Bientôt, la dixième *Gazelle* acheva son approche de l'étoile pour se mettre à son tour en état d'attente.

Troisième mouvement :

Plus de six cents Terraniens et deux Halutiens prirent place à bord de la corvette numéro 1 commandée par le lieutenant Codiak. Si la chaloupe était bondée, l'ambiance y était relativement détendue.

Un écran s'alluma dans le poste central de la corvette 8. Argelander jeta un coup d'œil sur l'image avant de pivoter pour lancer d'une voix forte :

— Commandant Bontainer ?

— Ici ! Que se passe-t-il ?

— Le lieutenant Codiak, Monsieur.

Le capitaine se hâta de rejoindre son subordonné, s'arrêtant près du dispositif d'affichage. Ce qu'il entrevit à l'arrière-plan du buste du lieutenant Codiak lui apprit que la centrale du numéro 1 était plus que pleine ; quoi qu'il en fût, le nombre de passagers de la chaloupe violait toutes les consignes de sécurité.

— Codiak ?

— Je suis prêt à partir, Monsieur. J'ai dû jeter le triscaphe hors du sas afin de gagner un peu de place pour les rescapés. Souscrivez-vous à cette initiative ?

— Évidemment ! Vous voulez appareiller tout de suite ?

— Avec plaisir. Je n'attends que votre autorisation…

Il aperçut alors Perry Rhodan, qui se redressait avec lenteur comme s'il portait sur ses épaules le poids d'un vaisseau spatial.

— Pardon ! reprit-il militairement. Je veux dire, l'autorisation du Stellarque, naturellement. Excusez-moi, commandant Bontainer ! J'ai un peu de mal à faire le tri entre les prérogatives.

Le chef suprême de l'Empire Solaire pivota, remarqua

la mine embarrassée du jeune Terranien et grimaça un sourire fugace. Après quoi il effectua de la main un geste de dédain, presque négligent, dans lequel se devinaient colère, résignation, et une touche de désintérêt.

— Je suis ici incognito, grogna-t-il. En outre, je suis encore pour la plupart des couches de l'Empire un faux Rhodan. C'est Bontainer qui commande.

— Vous pouvez y aller, déclara Vivier presque cérémonieusement. Mais évitez de faire courir des risques aux gens qui se trouvent au-dessous ou à proximité immédiate de votre appareil.

Il entendit presque aussitôt, répercuté par plusieurs systèmes audio, le bruit de la sirène par laquelle Codiak avertissait de son départ imminent. Un autre écran montra que la zone limitrophe autour de la corvette était dégagée. Sur les douze étançons, deux seulement étaient entièrement déployés. Les autres, plus ou moins enfoncés dans le sol limoneux, compensaient par leur étirement différent les inégalités de la surface, permettant ainsi à la sphère ceinte du bourrelet équatorial de ses propulseurs de conserver une assiette presque horizontale.

— Entendu !

La première chaloupe décolla prudemment pour s'élever en suivant la pente escarpée du flanc du cratère, semant en chemin la boue, les branches et quelques grosses pierres qui s'étaient collées autour des coupelles du train d'atterrissage. Plus la vitesse augmentait, moins il restait de débris agglomérés, et quand l'appareil disparut dans les nuages, les embases des étançons étaient vides et quasiment propres.

Trois triscaphes gisaient par terre en contrebas des entrées des grottes. Brusquement, l'un d'eux ripa, chassa un peu plus loin puis bascula pour percuter la surface du lac dans une gerbe d'éclaboussures avant de s'y enfoncer graduellement.

— Eh bien, voilà ! s'exclama Bontainer avec emphase

avant d'ajouter à l'adresse de son second, qui émergeait justement du puits antigrav : Hello, John !

Sanda effectua un salut militaire impeccable.

— John, escortez le Lord-Amiral et le Stellarque jusqu'aux cabines d'Argelander, voulez-vous ? Et posez sur la porte une pancarte visible de loin : PRIÈRE DE NE PAS DÉRANGER !

L'autre s'esclaffa.

— Naturellement. (Il fit un geste d'invite.) Puis-je me permettre ?

Atlan le suivit jusqu'à l'ascenseur, puis il s'arrêta.

— Je dois surveiller l'embarquement de l'équipage du *Krest*, s'excusa-t-il. Je peux m'en occuper seul.

Rhodan lui adressa un signe de tête avant de disparaître dans le puits en compagnie de John Sanda.

Bontainer se tourna lentement pour observer l'Arkonide qui revenait vers lui et se laissait tomber dans le fauteuil près du pupitre de commande. Où était Oomph Amber ? Vivier supposa qu'il se trouvait quelque part à l'intérieur de ce vaisseau – et il ne se trompait pas.

Brusquement, Wolff-Rayet s'encadra sur l'écran face au lieutenant-colonel.

— Monsieur, je suis prêt à partir. Ma corvette est complètement remplie. Ai-je votre autorisation ?

Quelque chose alerta le capitaine. L'entreprise, jusqu'ici pénible et coûteuse, lui semplait tout à coup s'exécuter trop facilement. Toutefois, il était présentement incapable de deviner d'où arriverait le danger. Si c'était un Dolan, ils étaient tous perdus.

— Vous connaissez le point de ralliement ?

— Oui. Le soleil. La couverture anti-détection.

D'accord, allez-y. Mais surveillez en permanence l'espace à l'intérieur de ce système, et attendez là-bas quoi qu'il arrive !

— Compris !

L'image s'effaça.

La deuxième corvette décolla dans le grondement

assourdissant de ses dix-huit projecteurs de champ, décrivit une large courbe qui l'emmena hors du cratère, puis elle gagna très rapidement de l'altitude avant de disparaître dans les nuages sombres. Le crépuscule descendait lentement sur le pays.

La fatalité approchait, elle aussi. Vite. Presque trop vite.

CHAPITRE V

Nous conclurons ce chapitre avec un bref survol des changements qu'une planète peut subir après sa naissance, au cours des cinq premiers milliards d'années de son existence. Indépendamment de l'évolution de sa flore et de sa faune, la masse de ce monde se modifie continuellement. En partant des expériences menées en 1957 par Petterson et qui ont été poursuivies jusqu'à obtention de preuves au moyen d'autres exemples, nous pouvons déjà affirmer ceci :

Chaque année, l'environnement spatial d'un globe de la taille de la Terre déverse sur celle-ci approximativement un milliard de tonnes de métaux. En un milliard d'années s'accumule une couche pouvant atteindre plusieurs centaines de millimètres. Ce qui signifie que chaque volume de mille six cents mètres cubes d'air renferme à tout moment un milligramme de poussière météoritique qui se dépose lentement. D'autre part, l'hydrogène contenu dans l'atmosphère se dissipe continuellement vers l'espace. La planète perd de cette manière dix pour cent de ce qu'elle récupère en matière interstellaire…

Manuel de navigation spatiale terranienne
– extrait du chapitre « Les mondes de type terrestre et leurs interactions avec l'espace »

*
* *

Abraham Charkov, trente ans, était chauve et doté d'un flegme qui confinait au stoïcisme. Partout où il se trouvait, il devenait le centre d'une zone de calme et de stabilité. Si on ne pouvait l'identifier à sa calvitie, c'était parce qu'il avait investi la totalité de ses deux dernières paies mensuelles dans une perruque châtain qui lui donnait l'air d'un très jeune homme n'ayant pas grand-chose d'autre à faire que de passer son temps chez le coiffeur.

Tout le monde à bord de l'*Orénoque* l'admirait ; les uns enviaient son calme, les autres jalousaient sa superbe chevelure. L'élément actif dermophile avec lequel les poils étaient directement collés sur la peau de son crâne était d'une résistance à toute épreuve, n'émettait aucune odeur et restait insensible à la plus forte transpiration.

Abraham Charkov était donc tranquillement assis devant son hyperdétecteur, les yeux fixés sur l'écran, dont les bords en saillie maintenaient la surface ronde antireflets dans la demi-clarté réglementaire.

Abraham regardait le moniteur, les paupières à moitié fermées.

Abraham semblait somnoler.

Cette impression était trompeuse. Cette décontraction apparente était en fait chez lui l'expression d'une profonde concentration. Ici, dans la centrale de commandement de la corvette numéro 1, personne ne surveillait ses instruments avec davantage d'attention que lui.

— Que voyez-vous, Abraham ? s'enquit rapidement Codiak.

— Les étoiles lointaines, répliqua laconiquement l'interpellé.

— Et à part ça ?

— Rien, Monsieur, annonça Charkov.

— Voilà qui est rassurant, commenta Codiak.

— Je trouve cela plutôt inquiétant, au contraire…

— Est-ce de la philosophie ?

— Non, je réfléchis, c'est tout.

— À quoi réfléchissez-vous ? insista le jeune lieutenant.

Depuis qu'ils séjournaient ensemble dans le petit vaisseau spatial de soixante mètres de diamètre, les deux hommes s'étaient découvert des affinités.

— Je médite sur le vide, avoua Abraham, imperturbable.

— Pratiqueriez-vous la phrénologie ?

— Depuis quand les mots d'origine étrangère sont-ils votre spécialité, lieutenant Codiak ?

— Depuis mon enfance. Une vieille manie, lieutenant Charkov. Sérieusement, vous étudiez la forme des crânes pour en déduire leur contenu ?

L'autre se fendit d'un sourire affable.

— En tout cas, ce n'est pas le vôtre que j'examine, n'est-ce pas ? rétorqua-t-il. Non, je me dis seulement qu'un espace plein de vaisseaux est un moindre mal, parce que si ce sont des ennemis, la menace est connue. Alors qu'un espace vide, comme celui qui nous entoure actuellement, nonobstant le fait que notre Stellarque respecté se trouve loin derrière nous, est relativement dangereux.

— Je crains de ne pouvoir suivre votre raisonnement, objecta Codiak.

— Mais si, vous pouvez, j'en suis sûr ! le rassura Charkov, qui avait été sur l'*Orénoque* l'un des grands spécialistes en matière de détection.

— Expliquez-vous, alors…

— Je veux dire qu'un espace vide peut tout à coup se remplir de navires. Si on voyait sur cet écran trente croiseurs lourds, nous saurions que nous avons trente ennemis en face de nous. Un regard sur le vide ne nous apprend rien, nous restons dans l'incertitude. Comme maintenant… Il y a longtemps que nous aurions dû plonger dans l'espace linéaire avec nos passagers.

— Vous avez raison, lieutenant Charkov.

— C'est ce que je disais, confirma gravement le Terranien châtain.

Quelques minutes s'écoulèrent. Les dix *Gazelles* et les deux corvettes attendaient toujours, à l'abri de toute détection de par la proximité du soleil. Il ne s'était rien passé depuis un moment, et les hommes commençaient à s'inquiéter.

— Cette fois, ça y est ! s'écria soudain Abraham.

Codiak sursauta. Dans le silence ambiant, la voix du lieutenant avait fait l'effet d'une détonation. Se penchant en avant, Charkov repéra sur son écran spécial trois minuscules échos. Il s'activa alors avec la promptitude d'un robot, lançant la procédure d'identification en quelques prestes pianotages sur son clavier. Sur l'affichage voisin, des chiffres se mirent à défiler et à changer à toute vitesse pendant que des indicateurs graphiques montaient et descendaient.

— Trois vaisseaux ! annonça-t-il.

Le commandant de la corvette avait jailli de son fauteuil-contour pour franchir d'un bond la distance qui le séparait du spécialiste de la détection.

— Trois unités en approche rapide à trente-cinq minutes-lumière. Elles sont encore au-delà de l'orbite de la seconde planète.

Charkov releva les signatures hyperénergétiques des arrivants, les identifiant immédiatement. Il attendit toutefois que la positronique achève ses propres comparatifs. L'homme et la machine étaient d'accord.

— Trois croiseurs lourds akonides ! déclara-t-il sur un ton péremptoire.

— Bontainer ! Il faut l'alerter !

— Très juste ! Il n'y a cependant pas de quoi s'affoler. Les trois appareils volent à environ un quart de la vitesse-lumière. S'ils n'accélèrent pas, il leur faudra encore près de deux heures avant d'atteindre les parages de Retour.

— Et s'ils accélèrent ? renvoya Codiak, agité.

L'opérateur des transmissions avait déjà établi le contact avec la corvette numéro 8 d'Argelander.

— S'ils vont plus vite ? Il leur faudra moins longtemps, lapalissa Charkov avant de se tourner pour faire signe au cuisinier qui venait d'entrer dans la centrale avec un plateau chargé de gobelets de café.

Il reporta immédiatement son attention sur les trois taches sur son écran, prenant sans regarder le gobelet de café dans la main droite.

— Toujours un quart de la vitesse de la lumière, stable, confirma-t-il sèchement.

Codiak répercuta immédiatement l'information à Bontainer, qui se trouvait encore sur le globe de type vénusien.

— Leur cap ?

— Une seconde, temporisa Charkov.

Il calcula le vecteur, le compara avec les mesures précédentes, puis proclama le résultat :

— Ils se dirigent droit vers la planète Retour !

Codiak retransmit.

Ils n'eurent le temps d'entendre que quelques mots du lieutenant-colonel avant que la liaison ne soit perdue. Mais ces mots étaient significatifs, et les hommes échangèrent quelques sourires. Leur admiration pour leur chef monta encore d'un cran.

Bontainer avait déclaré :

— Merci pour l'information. Il se peut que je doive tenter avec vous une partie risquée. Je vous demande d'y réfléchir, et de jouer le jeu. Je…

Parasites.

— Que voulait-il dire ? interrogea Codiak, intrigué.

— Il… Trois vaisseaux de combat akonides contre six ou huit corvettes. Quel autre choix lui reste-t-il ?

Le commandant de la chaloupe pigea vite.

— Vous voulez dire, lieutenant Charkov, que nous… ?

Son interlocuteur hocha la tête avant d'absorber une gorgée de café et de s'esclaffer brièvement.

— C'est exactement ce que je veux dire, et vous devriez engager les mesures appropriées, ajouta-t-il d'un ton négligent en pointant un long index sur l'opérateur des transmissions.

— Sparks, réglez la puissance d'émission sur la valeur la plus élevée possible, ordonna Codiak.

— Pourquoi ?

— Pas de questions ! Exécution !

— À vos ordres, Monsieur, confirma le technicien dans un murmure d'incompréhension avant de pousser l'intensité de l'hypercom à fond.

Après quoi les hommes reprirent leur attente…

*
* *

Bontainer et Atlan échangèrent un long regard lourd de non-dits.

— Partez immédiatement ! exigea l'Arkonide. Il ne doivent s'approcher de cette planète à aucun prix !

— Naturellement !

John Sanda avait déjà réagi sans attendre. Les six corvettes qui se trouvaient encore, les unes dans la cuvette, les autres sur son pourtour, étaient à présent interconnectées par hypercom.

— Messieurs, déclara Bontainer, vous avez tous entendu l'information : trois croiseurs akonides se préparent à entrer dans ce système, et leur destination n'est autre que ce globe-ci. Nous allons les arrêter, et s'ils refusent d'obtempérer, nous utiliserons les armes pour les intimider. Si nécessaire, nous nous battrons. Il nous faut toutefois prendre les devants, aussi je décrète la suspension immédiate des opérations d'embarquement, fermeture des sas, sirènes d'alerte et décollage d'urgence ! C'est une question de secondes. Déploiement en cercle autour de la planète à une demi-seconde-lumière. À partir de cet instant, nous ne sommes plus de simples corvettes, mais…

Il expliqua sa stratégie alors qu'Argelander arrachait déjà son appareil du sol sans même s'être assis devant son pupitre. Au fur et à mesure qu'il fournissait les détails, les sept autres commandants de corvettes passèrent graduellement d'un fort scepticisme à un enthousiasme sans faille. Les sphères brillantes s'engouffrèrent l'une après l'autre dans les nuages qui s'assombrissaient de plus en plus, pour s'enfoncer peu après dans le vide de l'espace.

Plus de trois mille deux cents membres de l'équipage du *Krest* étaient restés sur Retour.

*
* *

La secousse de l'appareillage réveilla le Stellarque.

Déjà ?

Il lui fallut exactement deux secondes pour émerger et se remettre en mémoire les événements des dix dernières heures. Réfléchissant illico à la vitesse supérieure, il réalisa qu'il ne s'agissait pas du véritable départ, mais d'autre chose. Il savait qu'Atlan tenait compagnie à ce Bontainer – qui lui procurait d'ailleurs une impression très positive – et ne redoutait plus que la situation se dégrade encore. Il prit donc son temps pour enfiler ses bottes légères de bord, se rafraîchir la figure à l'eau froide et s'essuyer avec une serviette de coton. Cela fait, il respira plusieurs fois à fond, redressa le torse et se sentit requinqué. Une petite heure d'authentique sommeil lui avait suffi pour récupérer.

Il se leva pour se diriger vers la porte, qu'il ouvrit.

Quelques-uns de ses hommes, allongés dans la coursive, dormaient comme des souches. Il passa prudemment entre eux, constatant qu'il en allait ainsi tout le long du couloir, et rejoignit bientôt le puits antigrav. Il pénétra dans la centrale de commandement sans que personne ne le remarque. Tous les écrans étaient allumés et l'ensemble des instruments étaient pleinement actifs. Des ordres s'échangeaient à voix feutrée, et il perçut l'organe d'Atlan.

— Les trois croiseurs ont accéléré. Ils se préparent probablement à plonger dans l'entr'espace, disait l'Arkonide.

— Ils nous ont évidemment repérés, répondit Bontainer. Nous allons les appeler et en référer au droit du premier découvreur.

— Correct ! Peut-être cela les arrêtera-t-il – quoique j'en doute fortement.

John Sanda adressa un signe à l'opérateur des transmissions.

Les hommes, entraînés à affronter n'importe quelle éventualité, réagirent avec une promptitude et une précision toutes mécaniques.

— Ils m'ont l'air diablement sûrs d'eux... murmura le commandant en second. Un de leurs navires devait déjà rôder dans les parages lorsque nous avons communiqué avec le Paladin. À un moment ou à un autre, ils ont épié et déchiffré nos conversations. Ils ont probablement une assez bonne idée de ce qui s'est passé ici.

— Je vais leur parler, intervint Rhodan depuis l'entrée du puits.

Atlan et Sanda tournèrent la tête, puis l'Arkonide hocha la sienne. Il était toujours engoncé dans son spatiandre lourd et paraissait ne pas s'en ressentir outre mesure.

— Appelons-les avant qu'ils ne soient trop près, insista le Stellarque.

— Les émetteurs sont réglés, signala l'opérateur. Grâce à l'habileté de nos services secrets, nous connaissons la fréquence de la flotte akonide.

Franchissant en quelques enjambées la distance qui le séparait du micro, Rhodan se concentra quelques secondes, puis il commença à parler.

— Ici la Terre ! Nous demandons aux vaisseaux akonides de ne pas approcher davantage de ce système, faute de quoi ils seront interceptés et arraisonnés !

Quelques secondes s'écoulèrent en silence.

Les trois unités, dont les échos étaient parfaitement visibles sur les écrans de l'installation de détection, poursuivirent imperturbablement leur vol. Leur vitesse frisait à présent les neuf dixièmes de celle de la lumière, et les taches lumineuses se précisaient de seconde en seconde.

— Je répète l'invitation à ne pas pénétrer dans ce système. Je vous avertis ! Changez de cap !

Une voix tomba des haut-parleurs. Elle avait beau être un peu nasillarde, sa tonalité sarcastique n'en était pas moins flagrante.

— Ne cherchez pas à nous abuser, Terranien ! Nous sommes au courant de ce qui se passe sur la planète Retour, et nous savons aussi que vous avez perdu un vaisseau voici quelques heures à peine. Envisageriez-vous de nous combattre avec des météores ?

Un rire démoniaque éclata, puis la communication fut coupée.

Bontainer fit une brève grimace avant de saisir son micro pour lancer, sur un ton tranchant et martial :

— J'appelle le croiseur *Protée 3*, commandant Shelstar. Avez-vous l'adversaire dans vos instruments ?

Le chef de la troisième corvette répondit aussitôt.

— Certainement, amiral Bontainer. Nous les voyons sur nos écrans. Souhaitez-vous un assaut frontal, ou devons-nous attendre pour ouvrir le feu que les positions soient plus favorables ?

— Patientons encore un peu, peut-être les intrus prendront-ils conscience de leur erreur. Commandant du *Lyre 4* ?

— Oui, Monsieur ! s'annonça Pasageyn.

Vivier n'eut aucune peine à imaginer le sourire épanoui du jeune lieutenant.

— Êtes-vous prêt ?

— Absolument ! Nos tourelles sont déjà braquées sur les arrivants.

— Veuillez transmettre un message aux unités en position d'attente, qu'elles se rapprochent par précaution, même si face à nos quarante vaisseaux trois malheureuses chaloupes n'ont aucune chance. Où en est *Bételgeuse 5* ?

— *Bételgeuse 5* est en place, Monsieur, confirma Konkam. Nous avons le contact cinq sur cinq avec le gros de la flotte.

— Si l'ennemi persiste à ne pas changer de cap, déclenchement de la manœuvre A-7. Compris ?

— Compris, Monsieur !

Les autres commandants de corvettes se manifestèrent l'un après l'autre, leurs paroles mettant clairement en exergue le comportement bravache d'un amiral brûlant d'étrenner au combat son navire puissamment armé. Les six chaloupes cernant la planète, ainsi que les deux dernières placées à l'abri du soleil jaune, se lancèrent dans une frénésie d'échange de messages destinés à des vaisseaux aux noms hâtivement improvisés par leurs commandants. Des noms d'étoiles, de villes, de pays et désignations exotiques de toutes sortes fusèrent sur les ondes ; seul le chiffre final aidait à identifier le véritable destinataire.

Les trois croiseurs akonides poursuivaient leur approche.

Dans cette avance silencieuse et implacable résidait une mortelle menace. C'étaient des astronefs immenses, des géants comparativement aux corvettes. Ils étaient dotés d'un armement suffisant pour dévaster la planète entière – et *a fortiori* pour transformer d'une pichenette les chaloupes terraniennes, l'une après l'autre, en débris radioactifs.

De nouveau, le lieutenant-colonel hurla dans son micro.

— Ici l'amiral Bontainer ! Je vous interdis catégoriquement de pénétrer dans ce système. Je vous accorde très exactement vingt-cinq secondes pour faire demi-tour, après quoi j'ouvre le feu de toutes nos batteries sur vos trois unités ! Ceci est le dernier avertissement ! Il vous reste vingt secondes.

Une information sortit des haut-parleurs.

— Ultracroiseur *Protée 3* en position de tir, amiral !

— Merci ! Encore quinze secondes.

Les trois akonides maintinrent leur cap, sans répondre. Et soudain ils disparurent : ils venaient de plonger dans l'espace linéaire dans l'intention évidente de resurgir à proximité immédiate de Retour. Bontainer enfonça la touche d'appel général pour prononcer quelques courtes phrases.

— À tous ! Nous attaquons ! Canons transformateurs en action. Toutes les corvettes se regroupent ! Deux par Akonide. Terminé !

Simultanément, la chaloupe bondit pour se retrancher dans le cône d'ombre de la planète. L'offensive pouvait démarrer.

Sans transition, les trois adversaires émergèrent.

Ils s'étaient rassemblés en formation triangulaire, chacune des trois nefs à la pointe d'un triangle équilatéral. Leurs boucliers protecteurs étaient actifs, et leur vitesse diminuait doucement.

— Deux secondes ! avertit Vivier.

L'œil fixé sur l'horloge de bord, il regarda le chiffre de droite changer deux fois puis il hurla un ordre, la bouche à moins de trente centimètres du micro.

— FEU !

Si les trois commandants akonides étaient candidats au suicide, alors leur tactique était correcte : ils se précipitaient au-devant d'une escadre terranienne d'au moins quarante croiseurs lourds. Ou bien ils étaient téméraires, ce qui revenait au même. À moins qu'ils ne fussent tout bonnement pas dupes du bluff du capitaine de l'*Orénoque* – et c'était hélas le cas le plus probable.

Bontainer et Evektian ouvrirent le bal.

Ils lancèrent leurs corvettes dans une série de manœuvres acrobatiques autour de l'adversaire le plus proche, un gigantesque astronef sphérique qui se mit brusquement à tirer en découvrant les deux chaloupes. Les salves de faisceaux radiants ricochèrent sur les écrans, s'étalant sur leur surface immatérielle avant de se dissiper. Ken Scott, posté dans la coupole polaire de la corvette 8, paraissait décidé à réparer son coup manqué contre le Dolan. Son canon transformateur fonctionnait à une cadence infernale. Les deux appareils virevoltèrent autour du géant, leurs commandants effectuant des évolutions si audacieuses que la plupart des bordées des Akonides les rataient de plusieurs mètres.

Le ciel nocturne de la planète Retour était illuminé par un fantastique et silencieux feu d'artifice.

Les corvettes 1 et 2 avaient à présent quitté la proximité du soleil pour se précipiter vers le champ de bataille de toute la puissance de leur bloc-propulsion. De temps à autre l'un des servants lâchait une salve, toutefois les deux petites nefs ne participèrent pas activement à l'échauffourée.

Deux chaloupes contre un croiseur.

Les échanges de messages avaient maintenant cessé. Dans les petits vaisseaux spatiaux, les hommes s'affairaient, calculaient et tiraient sans mot dire, emplis d'une rage et d'une concentration acharnées. Le théâtre des opérations dériva de l'altitude des couches atmosphériques supérieures pour se poursuivre en plein espace. Prenant une profonde inspiration, Bontainer engagea son appareil dans une aventureuse manœuvre plongeante. Le faisceau brasillant d'un canon akonide manqua d'un cheveu la coupole polaire.

*
* *

Illuminée comme elle l'était, la scène avait quelque chose de romantique. Et pourtant, cette impression était aussi fausse que possible. À trente mètres de l'un des triscaphes abandonnés, près des fondrières apparues dans le sol là où les étançons des corvettes avaient pris appui, les flammes éclairaient deux silhouettes humaines.

Partout, des exhalaisons gazeuses sourdaient du terrain marécageux.

Lors de leur envol, les jets corpusculaires des chaloupes avaient allumé quelques flammèches dont la chaleur s'était propagée vers d'autres émanations, qui s'étaient à leur tour embrasées. Le lac volcanique était présentement entouré d'un anneau de trente mètres de large de flammeroles rouges, bleues, et parfois d'un étrange jaune, qui s'élevaient souvent à plus d'un mètre.

Ce réchaud à gaz pour titan répandait sa clarté sur les deux formes, les casques desquelles étant reliés l'un à l'autre par un câble orange dont l'âme métallique servait de lien de communication. Les deux microcoms fonctionnaient sur une fréquence que personne d'autre ne pouvait capter. Le contact n'était pas ondionique, mais filaire.

— Vous restez décidément pour moi un sujet d'étonnement, affirma une voix féminine.

Y répondit un rire feutré empreint d'une tonalité de lassitude, témoignage subtil de la fatigue et de l'épuisement qui avaient été le prix à payer pour tout ce qui avait été entrepris sur ce monde.

— Je l'espère bien – sous réserve que cet étonnement corresponde à de l'admiration plutôt qu'à de la consternation ! répliqua une autre voix indubitablement masculine. Qu'en est-il, Eileen ?

— Je n'en sais encore trop rien. J'ai beau être psychologue de formation, vous êtes un homme vraiment difficile à percer à jour, Roi. D'ailleurs, vous appelez-vous réellement ainsi ?

— Évidemment ! Ou bien croyez-vous que je serais le fruit d'une bévue d'Atlan ?

Levant la tête, le Libre-Marchand contempla un instant le spectacle pyrotechnique silencieux qui illuminait le firmament. En ces premières heures nocturnes, les nuages s'étaient entrouverts, laissant voir les innombrables étoiles du Centre galactique et les éclairs de l'affrontement entre vaisseaux. Roi Danton et Eileen Dacran étaient sortis de leur caverne et attendaient l'issue de la rencontre.

Roi était rongé de l'intérieur par une peur panique – il n'y avait pas d'autre mot. Il n'avait pas besoin de faire un grand effort d'imagination pour se représenter ce qui arriverait si les corvettes de Bontainer perdaient face aux nefs des Akonides largement supérieures. Eux, les Terraniens, seraient impitoyablement pourchassés. Et Rhodan, son père, était dans l'une des chaloupes !

La situation était presque désespérée.

— Non, je ne pense pas, répondit enfin la jeune femme en l'arrachant à ses pensées morbides.

— Et que… que pensez-vous ? répliqua-t-il machinalement.

— Je crois que vos parents sont des gens charmants, et qu'en réalité vous jouez devant nous tous une énorme comédie.

— Évidemment, chuchota-t-il. Nous portons tous des masques.

— Oh ! Que oui ! Et de quoi ai-je l'air sous le mien ?

— Comment le saurais-je ? Je ne vous ai jamais vue sans maquillage !

Au lieu de la cinglante repartie à laquelle il s'attendait, elle se contenta de désigner le ciel. Là-haut, parmi les innombrables éclairs et boules de feu, un phénomène monstrueux venait d'apparaître. Un globe brasillant au noyau violet entouré d'une zone d'un rouge éclatant, le tout enveloppé d'une pellicule d'un blanc éblouissant, comme le fantôme d'une étoile. La sphère se dilata jusqu'à n'être plus qu'une brume presque transparente. Eileen et Roi se tendirent instinctivement en prévision d'un coup de tonnerre assourdissant – qui naturellement n'arriva pas.

— C'était quoi ? voulut savoir la jeune femme.

— L'explosion d'un vaisseau. Dieu ait pitié de nous si c'était une des corvettes ! Peut-être celle dans laquelle se trouvaient… Rhodan et Atlan !

— Reconnectons-nous sur la fréquence générale ! Le Paladin est encore avec nous, il pourra nous dire qui a été touché.

Roi secoua la tête.

Dans le reflet des flammeroles, la psychologue distingua les traits de son compagnon. Il semblait être devenu un autre, un étranger, comme si le jeune homme n'était plus le gandin arrogant spécialiste ès réflexions ironiques et au calme inébranlable avec lequel il abordait n'importe quel problème. Il avait l'air fatigué et vieilli. Mais probablement, songea-t-elle, était-ce un effet de l'éclairage.

— Non ! Les équipages des corvettes sont trop occupés à lutter contre trois vaisseaux de combat akonides pour se soucier de transmettre des informations sur l'évolution de la bataille. En outre, j'ai peur d'entendre annoncer que la corvette 8 aurait été détruite.

Au-dessus d'eux, la bataille continuait à faire rage.

— Ce soir, vous ne me semblez pas être dans votre état normal, si je puis me permettre un commentaire un tantinet narquois au sujet de votre humeur, avança Eileen Dacran.

Elle-même ne se sentait pas particulièrement à l'aise. D'autant plus que les longues heures passées à l'intérieur du lourd spatiandre de combat ne contribuaient pas à lui remonter le moral.

— Je ne me sens pas bien du tout, reconnut Roi. Et vous aussi, certainement !

— Bien sûr. Comment voyez-vous la suite ?

— Comment un seul être humain peut-il être aussi naïf ? se fâcha le jeune homme. Oh là là… Morbleu, j'ai bien failli parler français !

« Comment je vois la suite ?

— Oui.

— Si les hommes de Bontainer gagnent, ils descendront nous récupérer et nous quitterons Retour en quatrième vitesse. Dans le cas contraire, je ne puis vous donner aucune réponse ferme. Néanmoins, commencez déjà à réfléchir au plan de construction de notre futur nid d'amour sur ce satané monde de jungles. J'ai un faible pour les rideaux noirs, c'est si intime !

Il leva brusquement la tête.

L'éclair de lumière l'aveugla presque. Un autre vaisseau venait d'exploser, dans les hautes couches de l'atmosphère, cette fois. La sphère chuta en diagonale et en se disloquant ; des morceaux se dissocièrent de l'énorme nuage ardent pour tomber séparément tels des météores. Puis ces fragments se désagrégèrent à leur tour, et une pluie de débris incandescents se répandit sur la planète.

Un deuxième navire. Terranien ou akonide ?

*
* *

Ils étaient restés si longtemps à observer l'averse d'éclats étincelants qu'ils n'avaient pas remarqué l'approche d'une autre lumière derrière eux. Lorsqu'un flot de vive clarté éclipsa tout à coup la lueur des flammeroles, Eileen et Roi sursautèrent. Prise d'une frayeur panique, la jeune femme agrippa le bras du Libre-Navigant, qui lui murmura :

— N'ayez pas peur… Il ne nous arrivera rien !

À une trentaine de mètres au-dessus d'eux planait une chaloupe. Elle arborait sur sa coque sphérique un énorme chiffre 3 et Roi Danton respira, tout en conservant une trace d'hésitation. Cela signifiait-il que les corvettes avaient vaincu ? Il aperçut du coin de l'œil des casques émerger des entrées des grottes, vit l'imposante silhouette du Paladin se mettre en marche, puis les Terraniens jaillir en masse des cavernes pour courir, en dépit de leur fatigue et de leurs pesants spatiandres, en direction de l'anneau de flammes.

L'appareil avait allumé tous ses projecteurs d'atterrissage et illuminait les alentours. Roi distingua derrière lui une autre unité, qui descendit à la lisière de la jungle en écrasant et en enfonçant complètement les buissons dans le sol fangeux.

— C'est une corvette !

Eileen Dacran haletait comme si elle avait vu une apparition surnaturelle.

— Exact. Et une deuxième vient de se poser un peu

plus loin. Ce sont deux chaloupes, et je crois qu'elles ont vaincu les Akonides.

— Cela signifie que nous sommes sauvés ?

— Très probablement, tempéra le fils de Rhodan. Cependant, tout n'est pas terminé. D'ici à ce que nous ayons disparu de ce coin, bien des choses peuvent encore arriver.

— Vous n'êtes qu'un ignoble pessimiste, Roi ! Comment pouvez-vous oser proférer de pareilles choses ?

Il éclata de rire.

— L'expérience de la vie, ma chère Eileen, affirma-t-il. L'expérience de la vie, et rien de plus.

Pendant qu'ils se chamaillaient, d'autres corvettes s'approchèrent, portées par les jets étincelants de leurs tuyères à champ coercitif.

— J'en compte six, annonça Roi. Ce qui veut dire…

… que les deux nefs détruites étaient des vaisseaux akonides, termina la jeune femme. Sinon, les chaloupes non encore pleines ne reviendraient pas.

Le Libre-Navigant opina.

— Pour une fois, vous avez raison, admit-il sèchement. Nous ferions bien de mettre un peu d'ordre dans les opérations d'embarquement. À présent, je dois me séparer de votre microcom, très chère !

— D'accord, Roi, répondit-elle.

Mais il ne l'entendait déjà plus : il avait directement arraché le câble de liaison pour le jeter d'un geste négligent. Après quoi il appuya sur le bouton de la fréquence générale avant de parler d'une voix forte.

— Ici Danton. Que les premiers groupes pénètrent rapidement et sans perdre de temps dans le sas de la corvette. Et – les grottes doivent être intégralement vidées. Nous ne devons rien laisser derrière nous.

Les micros extérieurs répercutèrent le chuintement caractéristique de l'affaissement contrôlé des étançons. Le sas ventral de la chaloupe numéro 3, sous le commandement du lieutenant Shelstar, s'ouvrit en descendant presque à ras de terre.

Pour l'instant, tout allait bien.

Il était impératif que tout le monde grimpe à bord des appareils le plus vite possible. Leur sécurité en dépendait.

*
* *

Rhodan serra la main de Bontainer avant de sauter dans le puits antigrav pour débarquer quelques secondes plus tard parmi ses hommes. Son arrivée et celle, un instant plus tôt seulement, de Roi Danton apaisèrent immédiatement les esprits, et de par la seule présence des deux hommes la prise d'assaut des corvettes par les naufragés se mua spontanément en une opération organisée. L'appareil de Shelstar fut rapidement occupé de fond en comble.

Entassés entre la positronique et les générateurs, dans et à côté des fauteuils des servants des tourelles d'armement de la coupole polaire, les Terraniens ouvrirent leurs casques pour respirer avec délices l'atmosphère stérile du vaisseau comme s'il s'était agi d'air pur chargé de senteurs florales. En l'espace de quelques minutes, toutes les surfaces libres furent envahies. La consommation d'eau de la chaloupe monta en flèche, mais c'était là un détail sans importance.

Après la centrale de tir, le remplissage atteignit l'observatoire – domaine qui portait cette dénomination pour la seule et unique raison que ces lieux avaient effectivement été utilisés ainsi dans les premières corvettes, à l'époque où on qualifiait encore celles-ci de têtards. Ce fut ensuite le tour de la section de détection, et enfin des cabines de l'équipage – lesquelles furent tout particulièrement prises d'assaut étant donné qu'y étaient disponibles des couchettes, des fauteuils et même des lits pliants supplémentaires. Les derniers arrivants durent se contenter des couloirs. Les seuls locaux à demeurer relativement peu bondés furent le poste de commandement et la centrale de tir, dans lesquels les gardes ne laissèrent pénétrer que quelques individus.

Et ainsi de suite, pont après pont.

L'infirmerie, naturellement ; les salles de service ; les entrepôts ; les locaux de la section scientifique à l'intérieur de laquelle se trouvaient des équipements de laboratoire inutilisés... Plus de trois cents personnes s'entassaient déjà dans la corvette.

La salle des machines...

Les convertisseurs...

Les vestibules ; les chambres ; les magasins d'approvisionnement...

La cale... Les hangars... Les triscaphes furent passés par-dessus bord et expédiés dans le lac.

Le navire fut rempli au bout de trente minutes. Près de sept cents hommes et femmes y étaient encaqués.

Pendant les manœuvres préludant au second atterrissage, Perry Rhodan avait tenu un long conciliabule avec Bontainer.

À présent, il jugea le moment venu de se mêler ouvertement des opérations.

— Ici Rhodan. S'il vous plaît, lieutenant Shelstar, décollez !

Commutant sur le canal des haut-parleurs extérieurs, il lança un avertissement aux hommes encore dehors. Ceux-ci s'écartèrent, regardèrent le sas se fermer, puis rentrèrent instinctivement la tête dans les épaules quand la corvette s'éleva dans un concert de feu et de bruit pour filer vers le haut et disparaître dans l'espace telle une flèche enflammée.

Les autres chaloupes approchaient elles aussi de la fin du processus d'embarquement. Heureusement, l'organisation rigoureuse avait amené tous les blessés à être installés à bord des deux premiers appareils, ainsi que quelques-uns dans les *Gazelles*. Les Terraniens affamés, assoiffés et crasseux s'engouffraient à l'intérieur des vaisseaux en éprouvant instantanément un sentiment de mieux-être dès qu'ils franchissaient les sas.

*
* *

Un flot de lumière inondait le fond du cratère.

Les navires encore au sol illuminaient le paysage de tous leurs projecteurs. La cuvette présentait un spectacle fantasmagorique, un amphithéâtre dont les spectateurs seraient devenus acteurs. Autour des étançons se devinait un vague remue-ménage, des allées et venues rythmées comme une palpitation.

Bontainer, Atlan, Argelander et Sanda se tenaient face aux écrans panoramiques qui offraient un excellent point de vue sur la vallée.

— Toutes mes félicitations, commandant ! déclara l'Arkonide. Vous et vos hommes êtes d'une classe hors pair. Abattre deux croiseurs akonides et mettre en fuite le troisième avec seulement six corvettes ! Fabuleux !

L'intéressé eut un sourire froid.

— C'est Ken Scott que vous devez complimenter : c'est lui qui a descendu le premier vaisseau avec son canon transformateur.

— Ils n'ont rien voulu entendre, ces Akonides ! commenta le Lord-Amiral.

Les deux unités avaient été touchées à mort à l'issue d'un combat ayant duré presque une demi-heure, à la limite de l'atmosphère de la planète Retour. La troisième avait filé à une vitesse surprenante, même aux yeux des hommes les plus habiles de Bontainer, pour disparaître dans l'espace linéaire.

— Si nous avions aussi pu éliminer le dernier, insinua le lieutenant-colonel en regardant Atlan, le danger eût alors été réduit, et il n'aurait pas été nécessaire de se hâter autant.

— Vous voulez dire, précisa Argelander, qu'alors nous

n'aurions pas couru le risque que le troisième Akonide rameute une énorme flotte en renfort.

Vivier hocha la tête.

— Exactement !

Les dix nefs discoïdales patientaient sous la couverture anti-détection du soleil en compagnie des corvettes déjà pleines. Les autres chaloupes les rejoignaient l'une après l'autre.

L'Arkonide désigna l'extérieur.

— Vous savez tous que ça s'active, là-dehors. Le cinquième appareil est déjà presque entièrement rempli.

Argelander leva la main. Il semblait vouloir présenter une objection.

— Pourquoi ne pas simplement envoyer sans attendre une corvette jusqu'à la plus proche base de l'Astromarine ? Elle pourrait revenir très vite avec des cargos ou des croiseurs lourds. Pour vos gens, Lord-Amiral, ce serait sans aucun doute plus confortable. Ne l'avez-vous pas tous bien mérité ?

Atlan secoua la tête.

M 87 et les aventures vécues dans la Grande Nébuleuse étaient déjà loin derrière lui. Il pouvait certes les évoquer à tout moment grâce à sa mémoire eidétique, pourtant il ne s'en sentait ni l'envie ni le besoin. Il voulait seulement profiter de la joie d'être de retour dans la Voie Lactée, de n'être plus à des millions d'années-lumière de la Terre.

— C'est tout simplement trop dangereux, expliqua-t-il. Officiellement, les Akonides et la Terre ne sont pas en conflit. Mais vu la manière dont les deux puissances s'affrontent en une sorte de guerre froide marquée de points chauds, cela revient au même. Nous ne pouvons à aucun prix prendre le risque que Rhodan, moi-même et tout le reste de l'équipage nous retrouvions entre les mains de ces individus. Ils retourneraient notre propre arme contre nous.

— Avec le faux Stellarque ? se renseigna John Sanda sur un ton narquois.

Le Lord-Amiral eut un sourire amusé.

— Avec Heiko Anrath, oui. Ils seraient en mesure de prouver qu'Anrath a mystifié toute l'humanité. Mais c'est à notre ami Rhodan d'en faire son affaire. De plus, si j'en crois ce que m'en ont dit Harl Dephin et les jumeaux Woolver, cet homme est d'une intégrité sans faille, sans compter que la reconnaissance publique de ses « péchés » par le véritable Stellarque pourrait constituer un coup médiatique presque génial.

— Et, naturellement, il est impératif que cela puisse se réaliser, conclut Bontainer. C'est limpide !

— Et voilà pourquoi nous ne perdrons pas de temps à faire venir un transporteur de troupes.

John Sanda posa un bras fraternel autour des épaules du jeune lieutenant avant de lui suggérer à mi-voix :

— Nous en sommes là, Argelander. Profitez de la situation pour accomplir un dernier exploit et amenez votre engin juste devant les cavernes. Bontainer et moi, nous ferons le reste, d'accord ?

L'interpellé vira à l'écarlate avant de littéralement se jeter sur le pupitre de commande.

— Bien sûr, Monsieur ! répondit-il alors que la corvette s'ébranlait déjà.

*
**

Ce fut comme si le soleil jaune étirait une langue d'acier, une protubérance de minuscules astronefs. Les *Gazelles* émergèrent les premières de la zone d'anti-détection pour s'aligner en cinq groupes de deux appareils avant de s'élancer pour l'ultime étape du voyage.

Leur objectif était un astre lointain, invisible d'ici, et dont le nom était Sol, ou tout simplement le Soleil – avec une majuscule.

Puis elles disparurent l'une après l'autre de l'espace normal.

Deux… Quatre… Six… Bientôt ne resta plus qu'un

collier dont chaque perle était une sphère de terkonite de soixante mètres de diamètre, dont la vitesse augmentait de seconde en seconde tandis qu'elle laissait loin derrière l'étoile sans nom.

La première corvette plongea dans l'entr'espace trois minutes plus tard.

La deuxième la suivit de près.

Finalement, la chaloupe portant le numéro 8 demeura seule dans le continuum einsteinien. Les hommes dont le destin s'était joué au cours de ces quinze dernières heures à l'intérieur de ce système stellaire non répertorié et découvert par pur hasard étaient rassemblés dans la centrale de commandement.

Argelander s'exclama soudain, inopinément et en apparence sans raison aucune :

— Nous avons de la visite !

John Sanda pivota sur lui-même pour fixer son regard sur l'écran de l'installation de repérage.

— Mais c'est vrai ! lâcha-t-il avant d'éclater de rire. En fin de compte, nous avons bel et bien dupé la dernière machine !

Bontainer se retourna tranquillement sans décoller de son fauteuil-contour.

— Des vaisseaux akonides, je suppose ?

Sanda allait répondre, mais Atlan le prit de vitesse.

— Des vaisseaux ? Toute une flotte, oui ! Voyez-moi cette déferlante d'échos. Ils sont conduits par le croiseur qui a réussi à fuir et se préparent à fondre sur Retour comme une nuée de sauterelles tropicales. Et que trouveront-ils ?

Pour la première fois depuis leur atterrissage en catastrophe sur ce monde, Rhodan s'abandonna à un vrai sourire.

— Un peu de jungle piétinée et quelques triscaphes au fond de l'eau. C'est tout ce que nous avons laissé – du moins, je l'espère.

Puis la huitième corvette plongea dans l'espace linéaire, et il n'y eut plus personne.

*
* *

Une silhouette osseuse se faufilait dans les coursives et les corridors de la chaloupe commandée par Argelander, portant un gros sac de toile plastifiée vert foncé qui pesait visiblement son poids. Chaque fois que l'ombre se déplaçait, silencieuse et avec des gestes vifs, des choses cliquetaient dans ce sac, des choses qui avaient été, dans un passé indéterminé, propriété de membres de l'équipage de l'*Orénoque*.

Oomph Amber cherchait.

Il sourit sans bruit, ses traits tristes se déformant en une grimace. Il fouinait depuis des heures, et au milieu de tous ces humains endormis il ne cessait de « trouver » des objets qu'il éprouvait le besoin de posséder. À bord de l'appareil régnait une atmosphère paisible et optimiste, aussi Bontainer n'avait-il nul besoin du Lourénien pour s'en tenir informé. L'extraterrestre s'occupait donc en chapardant à loisir.

Il se pencha. Dans la faible lueur de l'éclairage de la coursive, il « ramassait » continuellement toutes sortes d'affaires telles que des briquets argentés ou chromés, de scintillants boutons d'uniforme décousus ou ne tenant plus que par un fil, des armes, de mystérieuses clés de toutes tailles et de toutes formes, des porte-mines, des stylos…

Des ciseaux à ongles ; deux seringues hypodermiques ; une holophoto ; une minuscule statuette – métal précieux ou plastique, il ne put se prononcer avec exactitude – ; un bijou… Oomph accumulait un butin de valeur. Quelque temps après, il fut confronté à un problème.

Où allait-il cacher son trésor ?

— C'est vraiment cloaqueux ! haleta-t-il en traînant le sac derrière lui. (On eût dit un énorme électro-aimant déplaçant une charge de ferraille.) Très *lusker* !

Il tira finalement, pantelant et suant, le lourd colis jusque dans un coin de la salle des transformateurs et s'assit dessus. Ce fut là qu'il s'endormit, rêvant de mines d'argent, d'ateliers monétaires et de coffres-forts de banques.

Et ce fut là que, deux heures plus tard, le découvrit Vivier Bontainer alors qu'il effectuait, cigarette aux lèvres et casquette de capitaine sur la nuque, une longue tournée d'inspection par tout le navire. Le lieutenant-colonel s'arrêta avant de secouer la tête en silence, sidéré.

Comment allait-il pouvoir expliquer *ça* à Rhodan ?

— Ça, c'est *schreff* ! murmura-t-il.

*
* *

Pendant le combat contre les petits vaisseaux, il s'était trouvé à l'intérieur d'un des sas atmosphériques. Au moment de l'explosion, le casque de son spatiandre avait heurté l'une des parois métalliques pour rebondir et se boucler automatiquement. Sous le choc, l'homme avait perdu connaissance.

Il émergeait à présent de son évanouissement.

Il ouvrit les yeux.

Une image bizarre tournait lentement autour de lui, comme une immense sphère creuse. Une sphère creuse noire dont la surface était criblée de minuscules points brillants. L'image glissa, et les petites taches furent éclipsées par un disque de lumière insupportablement aveuglante. Plein de confusion, il ferma les paupières, puis les rouvrit. Le décor avait de nouveau changé. Ce qu'il voyait maintenant était un demi-cercle – non, un disque dont les deux moitiés étaient différentes : l'une quasiment noire, se confondant presque avec l'arrière-plan, l'autre claire et miroitante.

C'était… une planète !

Pour apercevoir un monde de cette façon, il fallait s'en approcher avec un vaisseau.

Un vaisseau… ? Brutalement, il réalisa quelle était sa situation.

Sur le coup, il ne comprit pas.

Puis l'atroce vérité se fit jour en lui. Il avait été éjecté de son navire et à présent il dérivait dans l'immensité du vide, seul et impuissant, sans la moindre possibilité d'appeler au secours, sans nourriture… Il se mit à geler, à transpirer, à bredouiller… Il alluma son microcom de casque. Pas un bruissement. Il n'entendit que de la statique.

Il était perdu.

C'était un Akonide. Il était chargé de la distribution des armes dans le sas lors des opérations de sortie. Un astronaute akonide. Et il était perdu. Il sentit la folie s'emparer de lui. Il commença à crier. Longtemps, atrocement et de toutes ses forces, jusqu'à ce qu'il n'en puisse plus.

Il hurlait encore quand ses réserves d'oxygène arrivèrent à épuisement.

Les vaisseaux en approche le localisèrent et le récupérèrent ; mais pour lui, il était déjà trop tard.

Ils ont abandonné le Krest *à son voyage solitaire pour se risquer – et réussir – à faire le saut d'une galaxie à l'autre.*

*Pour échouer sur un monde inconnu à proximité du centre galactique, d'où seule une aide venue du dehors pourra sauver les naufragés, sous la forme de l'*Orénoque *commandé par le capitaine Vivier Bontainer et d'un gigantesque bluff qui dupera les Akonides.*

Perry Rhodan est à présent en mesure de reprendre les rênes de l'Empire Solaire. Cependant, la prudence s'impose car les ennemis de l'humanité sont au courant du retour du Stellarque et n'ont pas dit leur dernier mot, ne reculant devant aucune bassesse, employant le chantage et le meurtre, ils ne tarderont pas à mobiliser des TRAÎTRES EN SÉRIE…

Achevé d'imprimer sur les presses de

BUSSIÈRE

GROUPE CPI

à Saint-Amand-Montrond (Cher)
en octobre 2002

FLEUVE NOIR
12, avenue d'Italie
75627 Paris Cedex 13
Tél. : 01-44-16-05-00

— N° d'imp. : 25414. —
Dépôt légal : octobre 2002.

Imprimé en France